EATING WILD JAPAN

Tracking the Culture of Foraged Foods, with a Guide to Plants and Recipes

by Winifred Bird

日本の自然をいただきます

山菜・海藻をさがす旅

ウィニフレッド・バード　上杉隼人＝訳

AKISHOBO

EATING WILD JAPAN

by Winifred Bird

Original English language edition published by Stone Bridge Press
1393 Solano Avenue Suite C, Albany CA 94706, USA.
Arranged via Licensor's Agent: DropCap Inc.
through Tuttle-Mori Agency Inc., Tokyo

ジョン、ジュリアン、ローワンへ

あなたたちとベリーを採取するのは

最高に楽しい

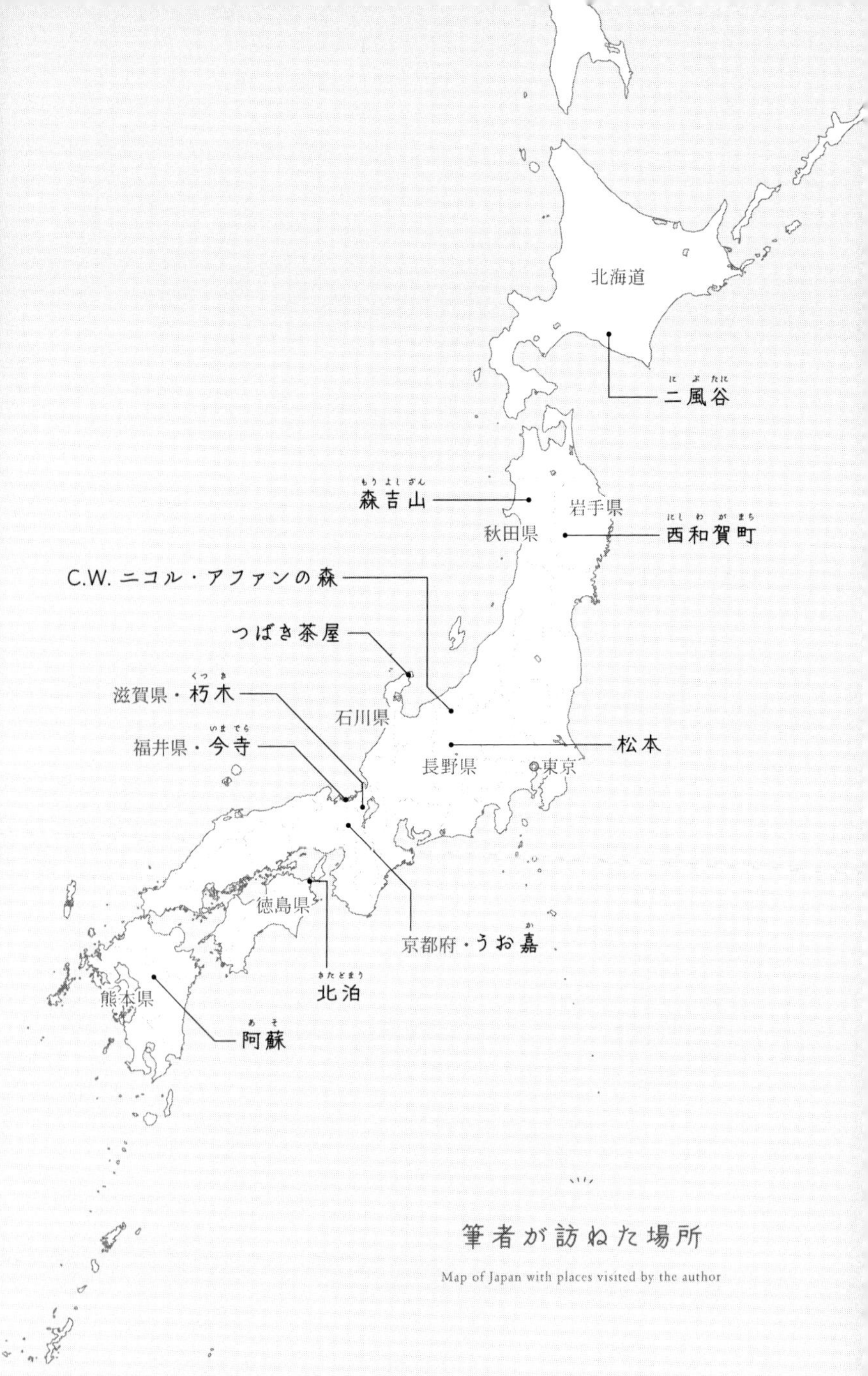

筆者が訪ねた場所

Map of Japan with places visited by the author

日本語版刊行によせて

農業を営みながら、作家、哲学者として活動するウェンデル・ベリー[*1]は、白人による北米の植民地化を「アメリカの不安」と表現した。植民地化が進み、すでにあるさまざまな文化が根絶され、国家の理想への移行が推進された、とベリーは指摘する。

ベリーは正しい。アメリカには歴史上、土地と人々の断裂があらゆる箇所に確認できる。日本は二十世紀前半のアジア諸国への侵略のみならず、北海道と沖縄併合でも破壊的に植民政策を推し進めた。だが、一方で内にこもり、数百年かけて自分たちが備えているものでやりくりしようとしてきた人たちもいる。その人たちは生涯同じ場所に留まり、移動することはなく、その地に生き続ける方法を見出したのだ。

何十世代にも渡って同じ村落に生活する人々には自明のことだが、自然の恵みを利用するには、自然に奉仕しなければならない。

この国では、自然が人間の踏み込むことのできない原始的な領域としてとらえられることはなかった。人間が自然の一部であると昔から認識されていたのだ。

この国に「自然」は存在しない。自分たちを取り込む世界が存在するだけだ。問題は、自然と共存するにあたって、いかに責任を持って望ましく生活できるかだ。日本の山菜をはじめとする天然食物の文化を通じて、わたしはそれを学ぶことができた。土地特有の知識と文化とはどういうものか、本書において深く考えている。執筆を進めながら自分がそんな普遍的なテーマを考えていることに、かすかな驚きも覚えた。自然の食物の採取は特定の人の趣味であり、時代遅れであると当初はとらえていたが、(広く認められているわけではないものの)もっとも基本的な人権であると思うに至った。

自然を食す。

人間がこの地球上に誕生した時から摂取してきた食物を味わうということだ。ほかの生物と同じように、人間も地球から直接栄養を得て、最終的に体を地球に差し出すことで、こうしてこの世界に存在できる。

すべて単純なことだが、今日さまざまなことが発生し、何もかもむずかしくなっている。公害が広がり、都市化が進展し、森林が破壊されている。人々は低賃金労働を強いられ、自由時間を楽しむことなどできない。昔の知恵が受け継がれることはなく、土地も奪われている……。どれもひとつながりの問題だ。人間性が欠如した世界からもたらされるが、その根底には経済的、歴史的な理由が広がっている。

本書はこうした大きなテーマを扱っていることで、遠く離れた日本のあまりなじみのない食を扱っているにもかかわらず、アメリカの読者にも受け入れられたのかもしれない。

言語の問題で多くの外国人に今も身近ではない日本の食事について、さまざまな情報が得られると好意的に受け止めてくれた読者はもちろんいた。

だが、本書に登場する人たちのことを知ることができてうれしいと言ってくれた人も少なからずいた。自然の食物に関する本だと思って開いてみたが、どこか変わった人たちが次々に出てきて思いもよらず楽しめた、と言ってもらえたことには、わが意を得たりと思った。

本書に記した人たちの物語を通して、わたしたちが言葉も文化も時間を超えてつながることができたら、と願っている。

日本で実際に会った人々と実際に食した自然の食物について綴った文章をまとめたものが、こうして日本の地に戻ってきたことに、感謝の念を禁じえない。それも上杉隼人氏に翻訳を担当してもらえて、亜紀書房から刊行できたことは望外の喜びだ。

本書に記した情報は日本人の読者の皆さんには特に目新しいことではないかもしれない。日本の自然の食物を採取して調理することは、多くの人々の意識を超えて今も日本の文化に広く刷り込まれているからだ。

だが、日本の自然の食物について知識のある方が、本書から何か新たな発見が得られることを、わたしは願っている。

日本の読者の皆さんがうらやましい。なぜなら山菜をはじめとする日本の食物に興味を持つようなことがあれば、ただちにそれに関する膨大な文献に目を通すことができるからだ。周りの人に聞くこともできるし、実際に自然の野草や海藻に触れることもできる。

人と天然食物の文化の糸は、古代から今に至るまで途切れることなくずっとつながっている。この糸をもっとも美しいと思われる方法で、どうか皆さんの一人ひとりの人生に刷り込んでいただけますように。

二〇二二年十月

ウィニフレッド・バード

もくじ

第5章 海藻の消えゆく伝統　177

最終章

はじめに

君がため春の野に出でて若菜つむ
わが衣手に雪はふりつつ

光孝天皇（百人一首　一五番歌[*1]）

日本の田舎の簡素で優雅で清潔な生活様式

日本の天然食物の文化は膨大で繊細であるが、多くの人たちのおかげで、わたしはそれについて多少は知ることができた。主婦、農家の人たち、科学者、地理学者、役場の職員、自然の中で生活する人など、日本の地方都市に住んでいた八年間、さらにはアメリカ帰国後、本書執筆の調査に費やした三年間で、数えきれないほどたくさんの人たちに会うことができたのだ。

だが、三年間隣人であった伴貞子さんには誰よりもお世話になった。伴さんが料理本やガイドブックよりもはるかに深い形で、日本の野草が日本の文化に織り込まれていることをわたしに初めて教えてくれたのだ。

伴さんとはある葬儀で知り合った。わたしは当時結婚していた夫と、松本市の郊外に建つ大きな農家の一軒家に引っ越したばかりだった。

松本市は日本中部の歴史ある美しい街だ。松本城の城郭を見ることができるし、遠くには日本アルプスの景色が広がる。この街でわたしたちは自然の生活を楽しみながら稲作も始め、元夫は大工仕事に、わたしは執筆活動に集中しようとした。

そのあたりは昔からリンゴが栽培されていて、八十世帯ほどの集落で誰かが亡くなれば、各世帯から誰か一名は葬儀に参列することになっていた。

その時は地元の寺院の女性僧侶が亡くなった。伴さんは先代の住職の息女で、故人の義妹にあたる人だった。伴さんは葬儀終了後、寺の門前で参列者を見送っていた。

伴さんを最初見た時、小柄で小鳥のような人だと思った。だが、白髪頭を短く整えた伴さんは穏やかな笑みを浮かべ、とても落ち着いて見えた。すでに八十五歳、私より五十歳以上年長だった。

伴さんは町に住みついた新しい外国人にあるいは興味を持ってくれたのかもしれないし、一目見てわたしに同じようなものを感じたのかもしれない。時々家《うち》にお茶でも飲みに来なさいよ、と言ってくれたのだ。

冬を迎えつつあったある日、当時住んでいた家の前の急坂を百メートルほど上がり、伴さんの家を訪ねた。

伴さんは喜んで迎えてくれて、居間の炬燵《こたつ》で暖まるよう勧めてくれた。

そしてお茶を淹《い》れるからと言って台所に入っていった。

そのあいだ、伴さんの書棚を見まわした（わたしは家族が書店を営んでいたので、誰かの家に呼ばれるとそうしてしまう）。

書棚はふたつあった。大きいほうには日本の小説が、小さいほうには西洋の古典が詰め込まれていた。

伴さんがお茶を運んでくる間に、背にジャン・ポール・サルトルとシモーヌ・ド・ボーヴォワールと記された本があるのに気づいた。妙にうれしくなった。とてもありえないことだ、地球のこんな離れた地で、わたしの敬愛する作家をこの人も読んでいたかもしれないなんて。

伴さんは盆を置いた。濃い緑茶を淹れた急須からは湯気が立ち、田舎の珍味が盛られた皿が七枚か八枚並べられた。

飴のような干し柿。

クルミの砂糖をまぶして紙で四角く包んだ菓子。

庭で採れた白豆の大粒を砂糖醤油で煮込んだもの。

ほかにもあったが、悲しいことに忘れてしまった。

これが伴貞子さんの最初のすばらしいおもてなしだった。

以来、伴さんの家に足繁く通うようになり、お茶をいただきながらおしゃべりし、伴さんが歩んできた人生を少しずつ知ることになった。

伴さんは戦時中に寺院で生まれ育った。地元の僧侶の娘だったから、きちんとした教育を受けることができた。

父は戦争に静かに抵抗していました、とよく話してくれた。だが、寺院の鐘は熔《と》かされて弾薬にされてしまったという。

その後、数歳年下の地元の男性と結婚した。子供はいない。伴さんは本を読み、庭の世話をし、感情を込めて文章[*2]をつづった。

伴さんはわたしが日本の田舎でいちばん憧れる、簡素で優雅で清潔な生活様式を体現していた。訪ねるたびに台所に行ってお茶を載せた盆を持ってきてくれたが、その盆にわたしが夢見た日本の極上の美しさをまさに見て取ることができた。

常に季節の旬のものを出してくれた。

秋はよく熟したナシにナスの塩漬け、冬は御用達の菓子店の豆菓子やクッキー、春は森で摘んだ山菜を味わうことができた。

鮮やかな緑のナズナがおままごとに使うような小さな皿に盛られて出てきたこともある。

コゴミ[*3]の渦巻いた芽を摺りゴマで和えたものも出された。

有史以前から存在していたようにも見えるツクシの芽も少し盛られていたりした。

子供の頃、サンフランシスコ各地の公園でよくブラックベリーを摘みながら、土地にもっと溶け込んだ生活を夢見ていたが、伴さんが出してくれた自然の食物はほとんど見たことがなかった。

サンフランシスコにいた時は、天然の草木や木の実はヒッピーや猟師が、最近は新しい物好きが食べるものと思い込んでいたのだ。天然植物はわたしの文化の中心になく、周辺にあった（そう言えるのは、わたしがアメリカの先住民でないからかもしれない。多くの先住民は天然植物を食す文化を育んできた）[*4]。

日本では（少なくとも豪雪地帯では）天然植物を採取して食べる習慣が今も残っている。それはアメリカのヒッピーのような人たちや新しいことを好んでする人たちに限られるものではない。ワラビやトチノミは、アスパラガスやエンドウ豆と同じくらい日本人になじみのあるものだ。

山菜の美しさに惹かれ、山菜を摘むことを楽しむ

わたしが山菜に関心があると知ると、伴さんは、じゃあ、一緒に摘みに行きましょう、と誘ってくれた。家から急坂を歩いて五分ほど行くと、寺院を通り過ぎて道路が暗い森に消える前に草地が広がっているが、その一角を所有しているという。

森が広がらないように年に数回草を刈る以外、伴さんも伴さんの夫もその土地に手をつけることはなかった。

五月上旬のある日、そこに連れていってもらった。草はすでに膝の高さまで伸びていた。草地に春の湧き水を行きわたらせるコンクリートの用水路の脇を歩きながら、伴さんは目についた山菜を採り、それぞれどう調理するか教えてくれた。

芽の丸まったワラビは沸騰させた湯につけて灰をかけて一晩置く。灰汁《あく》を取るのだ。そのあと、

醤油と出汁《だし》で煮込む。

コゴミの芽も丸まっているが、調理は簡単だ。ギョウジャニンニク[*5]と同じで、湯通ししてゴマを振って食べればいい。

タラの芽は天ぷらにするとおいしい。アザミ[*6]やクサフジ[*7]は青菜の煮物にする。

草地にこんなおいしいものがあると誰が想像できるだろうか？

すぐに籠《かご》はいっぱいになった。草地の隅に建つ小さな木製小屋に入ると、伴さんが水筒から熱いお茶をコップに注いで出してくれた。

クッキーをつまみながら、湯気の立つお茶をいただき、数分間話をして、家に戻った。

それだけだった。午後のひと時を楽しく散策して過ごし、夕食に山菜を少し採取しただけだ。

だが、思いもしなかったが、伴さんはわたしたちが住む集落の堅苦しい人間関係から逃れたくてこの小さな一角を保持しているという。確かにあの農業集落では畑はすべてきっちり効率的に利用され、野草はどれも雑草と見なされる。

この小さな草地の一角にいると、伴さんは自然を管理するのではなく、自然から学び取ることができる。季節を注意深く観察し、旬の贈り物をすべて手にできる。

伴さんの家は決して裕福ではない。夫は近くの養護施設の職員で、伴さんは観光客向けに販売する木彫りの雷鳥を製作していた。

だから山菜を摘んでくることで、食卓を豊かにしていたのではないかと思う。

いいや、伴さん自身は山菜がどれだけ栄養があるかということより、山菜の美しさに惹かれ、山菜を摘むことを楽しんでいたのかもしれない。

「しばらく頑張っていると、肩がこり、頭が痛くなり、心の悲しみが広がっていきます。そんな時は、家の裏の丘をさまようよりも良い治療法はありません」[*8]

伴さんは平成元年（一九八九年）につづった文章に、あの草地で山菜を摘んだことを記している。あれから二十年以上して、伴さんはそこにわたしを連れていってくれたのだ。

伴さんや近所の人たちから山菜についてさらに教えてもらいながら思った。

山菜は日本の米文化にどう溶け込んでいったのだろう？

稲作が日本の精神、食生活、社会構造、風景をどのように形成してきたか、すでにさまざまな情報を得ていた。人類学者の大貫恵美子[*9]が魅力的な著書『コメの人類学　日本人の自己認識』（岩波書店、一九九五年）に記しているように、米は二千年以上前に日本に定着し、神道の重要な儀式食として、皇族や貴族の主食として長らく役割を果たしてきた。だが、歴史的には庶民は近代になるまでコメを常食にすることができなかったのだ[*10]。

米は古来日本人の食糧の代表のように言われてきたが、どの層も普通に食すことができるようになったのは近代、昭和戦前期になってからである。

米一粒一粒には魂が込められていると考えられていたし、米を食べると「神聖なエネルギーと力」が得られると何世紀も信じられていた。与えられた領土に対する米の収穫で年貢が徴収された時代もあったから、米は領主にとっては富と権力の象徴であったし、庶民は米が食べられればよい暮らしであると喜んだ。

米は日本の季節と自然そのものであり、稲作は日本人の生活そのものだった。水田が形成されて用水路も整備され、周辺にさまざまな生物も見られるようになった。

だが、米以外の天然食物はどうか？　日本には自然の食物が豊富だ。どうしてわたしは日本の天然食物に関する歴史書にそれほど目を通さなかったのか？

そこから、知りたいと思うようになったのだ。

自然の食物の採取がこの国の文化と調理にどのような影響を与え、自然との関係をどのように維持したのか？

これに対してわたしが出した答えが本書の基本になっている。正確には、古い文化や食事の仕方がまだ残っている日本の地方で答えを探しながら、本書を書き上げたのだ。

食物採取の歴史

農耕が始まるまで、自然の食物が食事の中心だった。それは日本だけでなく、世界のどこを見てもそうだ。

およそ紀元前一万年から紀元前三〇〇年まで、ほぼ一万年におよんで縄文人が日本列島で生活していたが、そのあいだ縄文人は狩猟や漁獲を通じて自然の恵みをすべて手に入れた。

かつて日本列島はユーラシア大陸につながっていたから、縄文人の祖先はその時代にアジアから島伝いに日本列島に移住してきた。

縄文人の食事は非常に多様だ。縄文人がどんなものを採取していたかを見てみれば、彼らが自然の生態系に対してどれだけ知識を備えていたか容易に判断できる。

食物史家の永山久夫によると、「日本各地にある縄文人が残した貝塚から出土した貝の種類はざっと三五〇種類以上」[*11]だ。魚類は七十種以上、獣類は六十種以上、鳥類は三十五種以上、種実類は三十種以上、そのほか「ユリ根、ヤマイモ、カタクリなどデンプン質系の他に山菜、キノコ、海藻類、さらに縄文酒の原料となったヤマブドウ、ガマズミ、ニワトコ、キイチゴなど遺跡に残りづらい植物も数百種あったとみられている」[*12]という。クジラ、イルカ、サメ、ムササビ、オオカミなども含まれていた。

歴史家のコンラッド・トットマンは、縄文時代は狩猟採集で生活する者たちにほぼ理想的な期間であったと説明する[*13]。

更新世の長い氷河期が終わり、寒冷な気候で繁茂した針葉樹とツンドラは姿を消して、代わって木の実と木の実を食べる動物が密集する落葉樹林が日本中に広がったのだ。どの地でも非常に豊かな自然の恵みが得られて、人々は農業をしなくてもひとつの場所に定住できた。

だが、縄文時代から弥生時代（紀元前三〇〇年から後三〇〇年頃）に移行し、奈良時代（七一〇〜七九四年）から平安時代（七九四〜一一八五年）の天皇統治の時代が訪れると、栽培食物がこの国の食事の中心を担うことになった。米が簡単に栽培できる場所においては、天然の食物は単に添え物として食卓に供されるだけになった。

だが、水の豊富な平野と谷以外の場所には栽培食物中心の食事が同じように浸透することはなかった。日本の国土の四分の三は森林におおわれた山岳地帯だ。この地域で何世紀も栽培食物に完全依存した生活を送っていると、凶作に見舞われることもあったし、ひどい時は飢餓で多くの人が命を落とすこともあった。

よって山里や漁村や離島では、自然の食物の採取、狩猟の伝統が維持されることになった。民俗学者の野本寛一は、『栃と餅　食の民俗構造を探る』（岩波書店、二〇〇五年）に記している。

採る・拾う・摘む・掘る・獲る・漁る・穫る、という食素材獲得のいとなみは単一に行われることもないではないが、都市部や平地水田地帯から遠ざかり、海・山に近づくにつれ、とりわけ山の奥地に入るにつれて複合性を強めたと言ってよかろう。また、時代を遡るほどにその複合性には強いものがあったと言える。[*14]

この傾向は時代とともに弱まったが、近代まで消えずに残された。

農業が自然の食物の意味と用途に強い影を落としてきたのだ。

自然から採取する食物は貧困と飢餓の象徴となり、自然の産物を食して生活することは国が推進する栽培文化から外れていると思われたのだ。

だが、毎食米を食べたいという願いがかなわず、自然から得られるもので腹を満たすしかない人たちもいたことを考えなければならない。土地をそれほど持てない農民や荒涼とした土地に住む人々は、新しい作物収穫前の食不足の時はもちろん、大飢饉に見舞われるようなことがあれば、トチノミやワラビ餅や松樹皮の煮汁などで飢えをしのぐしかなかったのだ（この問題については、第3章にくわしく記した）。

江戸時代（一六〇三〜一八六八年）には、飢餓をしのぐための自然の食物の調理法を記した手引書が編纂された（米沢藩の上杉鷹山が莅戸善政《のぞきよしまさ》に命じて編纂させた『かてもの』などで、これについても第3章で論じる）。そして飢餓を耐えしのぐこの知識は、第二次大戦後もふたたび活用されることになる。

この国の自然の食物には、二十世紀初頭にいたるまで、人々の飢えや悲しみが色濃く映し出されていた。

明治二十五年（一八九二年）生まれの辺見金三郎は、妻の育った長野県の農村をはじめ、多くの農村地域で山菜を食べることは恥ずかしいことだと思われた、[*15]と記している。

日本の豊饒な自然に触れる

だが、もはやこうした考えを持つ人はまずいない。今は日本のどこにおいても飢饉に見舞われるようなことはないし、自然の食物はおいしいご馳走だと思われている。

自然の食物は民衆の飢えをしのいだが、実は古代から珍味と思われていたのも事実だ。自然から採れる食物は凶作時の保険としてだけでなく、趣ある健康食として、土地柄や季節感のほか、狩猟採集時代の生活をも伝えてきたのだ。

平安時代、都の貴族たちは、地方を周遊して春の若菜を摘み取り、海岸部の村落で貢ぎ物として差し出された海藻に舌鼓を打って優雅な余暇を過ごした。僧は天然の野菜と海藻以外は口にしなかった。神社の神主は陸と海の天然食を神々に捧げた。

江戸時代の本草学者、儒学者の貝原益軒は宝永元年（一七〇四年）の著作『菜譜』に、「山菜は自然のままで清潔であるが、栽培された野菜はひどく汚れているからよく洗って食さなければならない」[*16]としている。

山菜は清潔なものとされるが、それ以上に季節の儚《はかな》さに結びつけられることがよくある。奈良時代末期に成立したとされる『万葉集』ほか、古代の歌集に収録された多くの和歌は（本書の各章冒頭にいくつか紹介している）、それぞれ山菜の名を季語として詠み上げている。実際、自然がもたらす旬の食物はごくわずかな期間しか味わえない。

タケノコがそうだ。土から突き出した時は甘くやわらかいが、数時間のうちに苦みが出て食べられなくなってしまう。

この国で毎年の植物の変化は、奇妙に一般化された現代の四季（春夏秋冬の大雑把な分け方で、はたしてどれだけ自然の変化が確認できるだろう）ではなく、東アジアに古代から伝わる極めて正確な農事暦を基準に語られる。

日本に取り入れられた中国の農事暦のひとつに、七十二候[*17]と呼ばれるものがある。二十四節気は半月ごとの季節の変化を示すが、これをさらに三つに分けたものだ。

七十二候の「名称」はどれも気象の動きや動植物の変化を知らせる短文になっている。名称の例を挙げれば、「桃の花が咲き始める」（啓蟄、次候）、「筍が生えてくる」（立夏、末候）、「雨の後に虹が出始める」（清明、末候）といったものだ。

同じように、山菜は七十二候にさまざまな形で味わいの豊かさが伝えられるが、翌日あるいは翌週にはあたかも存在しなかったように姿を消してしまう。摘み取ったものもすぐに枯れはててしまう。

それゆえに、たとえば一本のフキノトウが優美な会席の盆に添えられることがあれば、ほかでは聞くことのできない春の訪れの歌声が楽しめることになる。

幸いなことに、摘み取った植物はあらゆる部分を味わうことができるし、山地や平地などいたるところで、季節の移り変わりとともにさまざまな草木や実を採取できる。

フキの新芽は春先にわずかに見られるだけだが、茎は夏のあいだも残っている。

また畑の端からさまざまな山菜の芽が消えても草木のまだらな森林に行けば見つかる。そこに見られなくなれば、丘に上がればコゴミやタラノメが探し出せる。

こうして自然の食べ物を採取して食すことで、この国の食事と風土に対する深い理解がおのずと得られる。

日本の自然を食すれば、日本の豊かな自然を守りたいと願わずにいられなくなる。日本の豊饒な自然に触れることで、食料を大切にしたいと自分なりに思えてくるし、ささやかな料理の楽しみも味わえる。こうした気持ちは栽培食物からはまず得られない。

天然の食物を体に取り入れることで、自然をわたしたちの一部にする

本書は二部構成＋附録ＰＤＦからなる。

第1〜5章と最終章では、春の新緑、トチノミ、ワラビ、タケノコ、海藻、アイヌの食物を取り上げ、それぞれに関する文化や歴史や調理法を記した。各章の最後には本文で紹介した料理のレシピも示した。

「野草・海藻ガイド」には、日本のよく知られた重要な野草と海藻をまとめた。採取する際に注意することのほか、歴史的背景や調理法を記した。

さらに日本の代表的な野草・海藻を使ったレシピを編纂し（野草・海藻レシピ集）、亜紀書房のウェブサイト上の本書紹介ページで閲覧できるようにした。

---

https://www.akishobo.com/book/detail.html?id=1102

こちらもぜひご覧いただきたい。

本書執筆にいたった理由として、ジャーナリストとして、料理愛好者として、日本の自然の食物に対して長いあいだ関心を持っていたことがある。

ジャーナリストとして環境問題をずっとレポートしてきたことも、間接的ではあるが執筆の後押しをすることになった。

気候変動、動植物の生態圏の縮小、原子力施設の事故、天然資源の過剰消費、先住民文化に対する弾圧、農作業の変化などによって、自然の恵みは減退し、狩猟採集文化の破壊が世界的に進んでいる。この国では地方の過疎化もその一因になっている。

山菜は日本の文化に広く浸透していると先ほど述べたが、野草や木の実の採取や調理法はもはや地方の高齢者しか知りえないことになりつつあるのも事実だ。都市化が進み、地方の生活形態が変化しつつあることで、山菜ほか自然の食物の文化を伝える次の世代の人たちはほとんど出てきていない。

自然の食物を採取して食す文化が強く根差した小さな山村は過疎化が進み、廃村となったところもある。*[18]

自然の食物は今も人気があるが、いたるところで生産されているから、どれももはや特産物とは言えなくなりつつある。

こうしたことがあわさって、日本の自然の食物の採取文化は今や危機的状況にある。

わたしは日本の高齢化社会の問題について強い関心があり、長く記事も書いてきたが、この問題を本書では深く論じないことにした。

代わりに、そもそもどうしてこうした問題が生じているのか、それについて考えようとした。

歴史、食物、文化の強力な要素が、広大な森林であろうと庭の脇の小さな草むらであろうと、自然の土に私たちを結びつけている。それを見つめ直してみたかったのだ。

そのためにまず何かできるかと言えば、山菜や木の実を採取して食べることだ。天然の食物を体に取り入れることで、自然をわたしたちの一部にできる。

わたしはかすかな希望を抱いている。

農業に完全に依存しない食事の仕方を保持、復活することで、自然の生態系を守ろうという強い気持ちを育むことができるのではないだろうか？

アメリカの先住民が昔から試みてきたように[*19]、野草や海藻がもたらしてくれる贈り物を受け取ることで、自然の恵みに込められた意味や責任をおそらく学ぶことができるのではないだろうか？

豊富な自然の食物に興味を持ってほしい

わたしは学者でも植物学者でもないし、本書で論じている自然の食物をずっと採取してきたわけでもない。よって、読者の皆さまには、本書に書かれていることだけを受け入れて、野草や木の実や海藻を採取し、料理することがないようにご注意いただきたい。

本書に記した自然の食物のなかにはよく似たものも含めて、非常に危険なものがある。たとえばセリ[*20]はドクセリ[*21]によく似ているし、ドクセリは日本でも北米でももっとも有毒な野草だ。

有毒な野草は経験を積むことで安全に見極めることができるが、それでも注意しなければならない。人によって反応は異なる。日本ではワラビやコゴミが広く食されているが、人体に有害なものもあるから、初めて口にする時は特に注意が必要だ。

食す前に適切な処置もしなければならない。ワラビやトチノミは灰汁抜きをしなければならない（これについては第2章、第3章にくわしく記した）。

野草や木の実の採取や調理法については、サミュエル・セイヤー[*22]の著作の何冊かに目を通すことをお勧めしたい。自然の食物に関する詳細な情報が得られるだけなく、見たこともない野草や木の実をどうすれば見分けられるか、学ぶことができる。

また「野草・海藻ガイド」は日本において自然の食物を採取、調理するために編んだものではない。本格的に自然に入って野草や木の実や海藻を採取してみたい方は、そのための書籍やインターネットのサイトをチェックしたり、信頼できる人に聞いてみたりしてほしい。

「野草・海藻ガイド」はあくまで日本の自然の食物に親しむ初めの一歩になればいいと願っている。外国人旅行者や居住者に加えて、これまで日本の自然にあまり触れることのなかった日本人の方たちが、この国の豊富な自然の食物に興味を持っていただけることがあれば、著者としてはうれしい。

第1章

道端の雑草、森の驚異

春の新緑

おらが世や　そこらの草も　餅になる

文化十二年（一八一五年）

小林一茶

熊本――秘伝の天ぷら

阿蘇のカルデラ

シェークスピアの有名な比喩を借りれば、自然界を一種の巨大な「舞台」ととらえる者たちがいる。その者たちにすれば、木々も雑草もウサギも川も、深い真《まこと》の人間ドラマの小道具に過ぎない。だが、自然界そのものを最高に魅力的なドラマととらえる者たちもいる。その者たちにとって、自然界は無限に複雑な物語だ。物語の一つひとつの話が繰り返されたかと思うと、そこからさらに別の話や別の意味が明らかになったりする。

花岡玲子さんは後者だ。花岡さんは身長一五〇センチそこそこだが、肩のあたりががっしりした、エネルギーの塊のような人で、さまざまな物語や植物の名前や調理法などの役立つ情報があふれ出してくる。山を愛し、あくなき好奇心をもってさまざまな天然の食物を貪欲に食してきた花岡さんに初めて会った時、はるか昔、食べられるものと食べられないものを最初に見極めた勇敢な種族の末裔《まつえい》に思えた。どんな本やウェブサイトでも手に入らない風味や習慣や季節に関する知識を豊富に備えた人たちが日本各地に数多く存在するが、花岡さんはそんな野食の伝統を愛し、静かに継承する人たちの代表のような人物であるとわたしには思えた。

幸運にも花岡さんが主宰する春の食事会に呼んでもらえることになった。わたしは二〇一六年四月にひとりの友人の家を訪れたが、この友人が花岡さんと知り合いで、わたしを花岡さんに紹介してくれたのだ。当時、この友人も花岡さんも、九州のほぼ中央に位置する阿蘇《あそ》のカルデラ内の阿蘇谷に住んでいた。阿蘇は三十万年も昔から爆発と崩壊を繰り返して急峻《きゅうしゅん》な崖に囲まれたカルデラ地形を形成し、今は草におおわれた高原が広がっている。

阿蘇のカルデラを上から見ると、巨大な隕石が落下してできたような穴のようになっていて、周りになめらかな斜面が優雅に伸びている。その斜面を外輪山と呼ばれる襞《ひだ》の寄った低い山々が取り囲み、その先に海が見える。カルデラ内は下の蒸し暑い盆地よりも空気が新鮮で、すずしい。土地も肥えていて、温泉も冷泉も至るところに湧き出ている。

人間たちが千年以上にわたってこの阿蘇で生活を営んできた。古い巨大な火山（中岳《なかだけ》）には今も小さな活火山がいくつか見られるが、その周辺で米を育て、牛を放牧してきたのだ。

花岡玲子さんと利和さんご夫妻

花岡玲子さんとご主人の利和さんに会った時、ふたりはカルデラで生活を初めて二十年目を迎えていた。玲子さんは熊本市のスーパーや会社で働いていたが、三十八歳の時に利和さんとこの地に移住した。ふたりはカルデラ内の北に建つ瓦葺《かわらぶき》の農家の家に住んでいた。納屋を備えたこの借家の近くで、玲子さんと利和さんは白米だけでなく黒米と赤米も作り、収穫物は近所の人たちと分かち合い、息抜きに険しいカルデラの壁を登ってめずらしい植物を探してまわったりした。花岡さんも利和さんも阿蘇ジオパークガイド協会のジオガイドの資格を得ている。五、六年ごとにふたりは住居を移した。計画的というわけではなく、ただそれまで住んでいた古い家が寿命を迎えつつあったのでそういうことになった。家の前の木が大きくなりすぎて窓が葉におおいつくされてしまったとか、トイレが使えなくなってしまったとか、家主にもう農作地を貸し出せないと言われたこともある。花岡さん夫妻は大概どこへ行っても年輩の近隣者たちに歓迎され、その人たちと支障なく過ごしてきた。

昔から行われてきたように花岡さん夫妻は田植えも米の収穫も機械は使わず手作業で行い、そんなふたりに近所の人たちは飲み物を届けたりした。だが、花岡さん夫妻が隣組というか、地元の寄り合いに属することはなかった。地元の人たちはこうした組織を通じて水路や丘をきれいにし、何よりも結束を強めている。花岡夫妻は彼らとは違って特定の地に居を定めず、害のない部外者として移住を繰り返した。何よりふたりが大事にしたのは、田畑そのものでなく、はるか昔に田畑を生み出した豊かな自然だ。

友人の山内万里子に誰か熊本地方の山菜にくわしい人を紹介してほしいとお願いしたところ、万里子はすぐに花岡玲子さんがいいと思ったようで、昼食会も設定してくれた。

すがすがしい四月の朝、花岡さんのご自宅に万里子と向かった。春の天候は変わりやすい。今は心地よい日差しが射しているが、空は突然雲におおわれ、いつ冷たい雨が降り出してもおかしくない。予定より数分早く到着してしまい、花岡さんを困らせることがあってはならないと、春の日が心地よく浸み込む近隣を散策して時間をつぶした。広がる棚田はまだ田植え前で、茶色い土が剝《む》き出しになっている。だが、脇の土手は草で埋め尽くされ、向こうのカルデラ壁には新緑が輝き、あたり一帯に明るいピンクの桃の花や、黄色いスイセンや、野イチゴの白い花や、小さな紫のスミレが咲き誇っている。

予定の時間になった。納屋の南側を走る砂利道を進むと舗装されていない小道に入り、片側には花岡さんの家が、片側にはまだ植えられていない野菜畑が広がっていた。花岡玲子さんはその小道で待っていてくれた。スヌーピーの絵柄の灰色のスウェットにカーキのズボンをはいた花岡さんが、納屋の脇に立っている。サイドを後ろに流したヘアスタイルの花岡さんは、じっと動かず、小さな妖精のような顔を輝かせている。次の瞬間、花岡さんは納屋と家のあいだの狭い道を影がかかった貯水タンクに向かってうれしそうに走ってきて、ぎこちなく手を差し出した（アメリカ人のわたしに気を使ってくれたのだ）。タンクの下のふたつの石のあいだから、ユキノシタの葉が這《は》い出すようにしてかすかに顔を出している。小さな白い花ユキノシタは、ラテン語でSaxifraga stolonifera。saxumは「岩」、frangereは「壊す」を意味する。ここでこの花が確かに石を破壊して花を咲かせていたのだ。

花岡さんはユキノシタの丸いやわらかそうな葉を片手に何枚かつかんで見せてくれた。暗緑に鮮やかな赤紫色がさしていて、表面にうぶ毛が生えている。

「これを天ぷらにします」と花岡さんは言った。

今日はこれを食べさせてもらえるのだ。もちろんそれまでに家でも外でも日本の伝統的な揚げ物を何度も試してきた。サツマイモやタマネギのような色の薄い何の変哲もない栽培野菜をスライスして衣をつけてカラッと熱々に揚げたものがほとんどだが、山菜の天ぷらを食す機会に恵まれることもあった。特に春に地方を訪れると、旬の料理を名物とする旅館で山菜の天ぷらを供された。山菜の天ぷらで好きなのは、ほどよい苦みともちっとした食感が味わえるタラの芽（タラノキ）だ。なめらかでやわらかい緑の新芽で、くせになる味だが春の限られた時期しか採れない、旬の食材である。

だが、万里子とともに、花岡さんについて家のまわりの手がつけられていない草むらに入ると、花岡さんがまるで違うことを考えていることがわかった。草むらの隅に腰を下ろし、黄色いタンポポ、赤紫のレンゲの花、尖ったスギナの茎、丸いオオバコの葉を摘み取ったのだ。近くの籾《もみ》殻《から》[*1]の山からハコベ[*2]と、それから小さいがピリッと辛いノビル[*3]を取り出した。棚田に行き、やわらかい薄紫のカキドオシ[*4]と銀緑のヨモギ[*5]を摘み取った。花岡さんがヨモギをごしごし指でこするとあの独特のにおいが鼻をついた。水田の湿ったあたりからクレソン[*6]とセリ[*7]も摘み取った。

今日は野草のごちそうを食べさせてもらえる。

花岡さんはそうやって天然の草や葉や花を山のように摘み取ると、家の中に万里子とわたしを案内し、自分は昼食に出してくれるほかの料理の準備にかかった。玄関に泥だらけの長靴や雨合羽が雑然と置かれていたが、それらをまたぐようにして万里子とわたしは家に上げてもらい、ほとんど家具のない畳部屋を何室か抜けて、薄暗い、いろんなものがあちこちに置かれた台所に入った。

君がため春の野に出でて若菜摘む
我が衣手に雪は降りつつ

本書「はじめに」（13ページ）に引用した、平安時代に光孝天皇が読んだ和歌にあるように、花岡玲子さんはわたしたちを迎えるにあたって、「春の野原に出かけて若菜を摘む」労を惜しむことはなかったのだ。

花岡さんは冷蔵庫から次々に小鉢を取り出し、コンロの上でぐつぐつ音を立てていた煮物や炒め物の鍋それぞれに最後の味つけを施した。

クレソンとツクシのスクランブルエッグ。カンゾウ[*8]のおひたし。湯がいてみじん切りし、マヨネーズとすりゴマで和えたセリ。薄く切り分けた茹でたてのタケノコには、わさびと醤油が添えられている。湯がいたノビルの緑色の部分を白根に巻きつけて束のようにして、フキ味噌につけて食べるもの[*9]。同じフキ味噌を出汁にした熱々のスープには黄色い花が浮かんでいる。前日畑で摘み取った十一種類の薬草を市販のカレールウに混ぜ合わせて炒めてから、ジャガイモやニンジンとともに煮込んで作ったという「薬膳カレー」（普通の和風のカレーの風味だったが、シバムギ[*10]が何枚か添えられていた）。

春の初めに薬草を

花岡玲子さんは天然植物を料理することだけでなく、薬草にも強い関心があった。天然植物の調理と薬草は強くつながりあっている。花岡さんはさらに料理を出してくれたが、昔の日本人は春の初めに体の浄化を目的として薬草（春菜）を口にしていたと話してくれた。この習慣がうかがい知れるもっとも古い和歌のひとつに、奈良時代（七一〇～七九四年）に山部赤人（?～七三六年?）が詠んだものがある。赤人は草むらから春菜を摘むつもりだが、昨日も今日も雪が降っている。

明日《あす》よりは春菜《はるな》摘《つ》まむと標《し》めし野《の》に昨日《きのふ》も今日《けふ》も雪は降りつつ

（『万葉集』第八巻　一四二七番）

同じ奈良時代、宮廷には遣唐使によって七種類の薬草を使った粥[*11]を食す習慣がもたらされた。新年七日目に七種類の薬草を煎じて煮込んだ粥を食し、悪霊を払ってその年の健康を祈念するのだ。平安時代（七九四～一一八五年）まで宮廷の調理人が新年の式典で天皇に献上していたこの粥は、新年のご馳走で荒れた内臓を癒してくれると思われてもいた（江戸時代には一般にもこの習慣が広がった）。

七種類の薬草は何であったか、平安時代にどのようにして調理されたのか、今は知られていない。だが、平安時代は太陰暦（中国暦）が採用されていて、正月（旧正月）は二月であった。その時期であれば平安京周辺（今の京都市内）の天候は厳寒を抜けて比較的穏やかであったと思われるので、天皇の粥に春の色を添える薬草を採取できたのかもしれない。のちに南北朝時代の公卿で学者の四辻善成《よつつじよしなり》（一三二六〜一四〇二年）の著書に、粥に入れるこの七つの薬草[*12]について触れた記述がある（そして、ここでこの粥は七草粥と呼ばれている）。そこには、こう記されている。

芹《せり》、なづな、御行《ごぎょう》、はくべら、仏座《ほとけのざ》、すずな、すずしろ、これぞ七種。

セリはパセリに近い多年草で、なづなはぺんぺん草、御行はハハコグサ[*13]、はくべら（はこべら）はハコベ、仏座はコオニタビラコ[*14]、すずなはカブ、すずしろはダイコンである。どれも水田雑草であり、畑にも見られる。

今日この七草は正月頃に、スーパーの棚にパックに詰められたものが並ぶ。体を浄化し、活力をつけるという七草本来の特性はほとんど損なわれていると思われるが、年中行事を重んじる人々がこれを買って帰り、七草粥を作り上げるのだ。それでも花岡さんは、この平安時代の食習慣に、現代の日本の薬膳料理の原点が見られるという。

天ぷらは魔法の調理術

だが、その日の昼食のメインディッシュには、明らかに薬用効果のない天ぷらを大量に食べさせてもらうことになった。十六世紀に日本に来たポルトガル人によってもたらされた魚のフライ料理を起源とするごちそうだ。わたしたちは花岡さんが出してくれた自家製「松葉サイダー」(タンポポ、松葉、ドクダミを自家発酵させて作る)をいただくと、外に出て納屋の軒下の草が生えた土間の一角に案内された。

花岡さんはそこにわたしたちのために折り畳み式のアウトドアテーブルを用意してくれていたのだ。今日はここで昼食をいただく。もうひとつ小さなテーブルがあって、そこで花岡さんは天ぷらを調理する。この小さなテーブルには灯油バーナーがあって、その上に置かれた中華鍋に揚げ油が五分目ほど入っている。みんなして台所から皿を運び込んだところで、利和さんが裏庭からやってきた。春の田起こしをしていたのだ(田を耕す際にはごくまれにトラクターを使うこともある)。農花岡さんご夫妻のうち、特に玲子さんが登山と野草を採取して食べることに強い関心がある。農業のほか個人会計士としての仕事も持つ利和さんは、玲子さんに引っ張り出されて山に向かうことが多いそうだ。

「去年はオオバコばっかり食べさせられてました」と利和さんは笑いながら言って、折り畳み式の椅子の一脚に腰をおろした。

実は花岡玲子さんは毎日天然植物を食べているわけではないし、栽培野菜は食べないというわけではない。わたしと同じで、ただ森や林で採れる植物の味に惹かれていて、どこかで読んだり聞いたりしたものを食してみたいと思ってしまうのだ。そんな玲子さんのおかげで、利和さんは、薬効のあるカレーから強壮剤、炒め物、煮物、塩まで、玲子さんの天然食用植物調理集に記された、今日の一般家庭でもレストランでもまず味わえないありがたいレシピにありつけるのだ。

　フキの汁物を口にして、カンゾウのおひたしをいただいた頃、花岡さんがいよいよ天ぷらを揚げてくれた。葉と花びら一枚一枚に衣をつけて鍋肌から揚げ油に入れて、天かすを取りながらカラッと揚げていく。揚げる葉が少なくなると、家の前の道に走って行き、あたりに生えていたタンポポの花や、元気よく生えているハコベを籾殻の山から摘んで戻ってくる。日本の伝統料理のような仰々しさはないが、それでも興味深い風味と食感を存分に楽しむことができる。

天ぷらを揚げる

　花岡さんは天ぷらにした葉と花びらを天ぷら油からわたしたちの皿に載せて、揚げたての天ぷらに淡い緑色の塩を振ってくれた。ひとつ口に運んでみると、塩は喉が焼けてしまうと思うくらい熱かった。花岡さんはハコベのエキスと塩を煮詰めてこの塩を作ったのだ。タンポポの花はアーティチョーク[*15]の芯のように見えるが、病みつきになるおいしさだ。薄紫のカキドオシはさわやかなハッカの味がした。クレソンはぴりっとしていて、ヨモギはまるでシナモンのようなはっとさせる味わいがあったが、ほかは淡白というか、それほど特徴がなく、パリパリした衣《ころも》の歯触りのほうが強く感じられた。オオバコは紙を食べているような感じがしたし、ユキノシタの葉はその名の通り白くきれいだったが、やはり特に印象に残らなかった。だが、どれもおいしくいただいた。天ぷらはやはり魔法の調理術だ。食べられる雑草を、ほぼすべておいしい一品に変えてしまう。

昼食をいただいたあと、花岡さんはカルデラ壁に案内してくれた。棚田を上がると森にぶつかった。花岡さんはどこまでもつづく草木を指さしながら、どれが食べられるか食べられないかを教えてくれた。生命が宿る森に花岡さんは興味をそそられ、どこかで新芽が出ていないか探して、たびたび脇に逸《そ》れ、木々の下を這いずり、鬱蒼とした竹藪《たけやぶ》をくぐり抜けた。

最後に村の貯水池の上にほとんど垂直に伸びた泥と岩の斜面を、落ちてしまわないように小さな木々をつかんで注意して登っていった。花岡さんはわたしと万里子をカルデラのいちばん上に連れて行きたかったのだ。見ると、そこで風を受けて折れ曲がった金色の草が銀色に変色している。頂上に行ってみたいが、斜面に大きな岩があって、行くことはできない。

わたしたちはそこに立ち止まり、午後遅くの太陽を浴びて光りかがやく広い阿蘇谷を見渡した。

長野――アファンの森

C・W・ニコル・アファンの森と高力一浩さん

数週間後、長野県北部の山地にある美しい森、C・W・ニコル・アファンの森で、二度目の野草の天ぷらをいただくことになった。その名が示す通り、人里離れたC・W・ニコル・アファンの小さな森は、ほかに例を見ない歴史を持つ。ウェールズ生まれの日本人クライブ・ウィリアム・ニコル（一九四〇～二〇二〇年）が、三十年以上にわたって愛情を注ぎ修復しつづけたのだ。北極圏とエチオピアで生活した後、ニコルは日本に根を下ろし、二〇二〇年（わたしはその三年前にアファンの森を訪れた）に亡くなるまで、この国の有名外国人のひとりだった。捕鯨から空手まで、幅広い範囲でフィクション、ノンフィクションを問わず精力的に執筆し、環境保護に対しても積極的に発言した。破天荒な人生でも知られ、話上手で、ウイスキーを愛した。こうして有名になったニコルは、その名声によって得た資産の多くを投入して一九八六年の初めに長野県の放置された国有林約三〇ヘクタールを買い上げ、地元の林業家松木信義らの助けを得て、多様な植物と生物が共生する健全な森林に変えた（二〇一二年三月、アファンの森財団は、隣接する国有林約二七ヘクタールをさらに借り受けることになった）。

ニコルもわたしも『ジャパン・タイムズ』紙に長らく寄稿し、同じ編集者に担当してもらっていた。この編集者が山菜について知りたいなら、C・W・ニコルの家を訪れてみるように強く勧めてくれたのだ。こうしてわたしはC・W・ニコル・アファンの森にやって来たが、その四月下旬の朝にアファンの森を案内してくれたのはニコル本人でなく、C・W・ニコル・アファンの森財団の当時五十八歳のガイド高力一浩《こうりきかずひろ》さん（一九五八年生まれ）だった。ニコルが高力さんに引き合わせてくれたのだ。高力さんはこの里山の誰よりも森にくわしいからとニコルは太鼓判を押して、アファンの森の事務所や教育施設の入った見上げるほど天井の高い木造の建物の中に入っていった。

ニコルの言う通りだったが、高力さんが誰よりこの森をいちばん知っているとわたしが確信したのは、高力さんのC・W・ニコル・アファンの森財団の仕事でもなく、履歴書に記されていたさまざまな資格（森林メディカルトレーナー、長野県薬草指導員、全国体験活動指導者主任講師など、さまざまな資格を持つ）でもない。ふたりで楢《なら》や白樺や楡《にれ》や榛《はん》の木《き》におおわれた薄日の射す道を歩いていた時、高力さんはふと話してくれたのだ。高力さんは家族で民宿「ロッジしらかば」を経営していて、早春から十月まで山菜の天ぷら料理を常時宿泊客に出しているという。お客さんに最高のものをお出ししたいから、いつも森に入って山菜を採って来るのです、と話してくれたのだ。高力さんは口にこそ出さなかったが、その話だけで、ほかでは味わえないようなおもてなしで客を迎えていることがわかる。

漆塗りの器に盛られた山菜料理は春の象徴で、地方の旅館の定番の一品だ。春から秋まで山菜料理をずっと出すのであれば、鮮度の高い山菜を採取できる知識と技術を十二分に備えていなければならない。よく知られたものもあまり知られていないものも、四季折々の山菜に精通していなければならない。どこに生えていて、気温や降雨によってどんな影響を受けるか、心得ておく必要もある。

高力さんの頭の中にはすべて入っていたし、そこに至るまでにこの森のほかの多くの興味深いことも知ることになった。高力さんはポール・バニヤン*16の伝説を思わせる愉快な体験談も聞かせてくれた。

ある時、ワラビを採って集めていたところ、藪《やぶ》からウサギが一匹飛び出した。普通のウサギじゃない、スーパー・ラビットだ。ゆうに七メートルは飛び上がった。地面に降りたウサギの後ろ足は筋肉隆々で、まるで重量挙げの選手の足を思わせた。

またある時、奥さんと車で山中を流していると、あたりにヤマウドが生えていた。ちょっと採って来るから、と奥さんに車を止めるように言って出て行ったところ、四合瓶くらいの太さの真っ黒い蛇がぬっと出てきて追い抜いていった。見えた体の一部は五メートルほどだったが、頭を入れれば七メートル半はある大蛇だったかもと言う（高力さんは雇用主のC・W・ニコルに、あるいは話術を学んでいたのかもしれない）。

出会うのは山菜だけではない。ある日車で細い田舎道を走っていたところ、イヌワシが目の前に舞い降りてきた。深い森の中の細い道で右にも左に避けられず、イヌワシは高力さんの車に真一文字に羽を広げたまま突っ込んできた。高力さんは恐怖に凍り付いてしまいそうだったが、ハンドルから手を離すことはなかった。

とにかく山菜を採取していると、森を後にするまでにめずらしい野生の動植物に出くわすことが少なくないという。

高力さんについてさらに森に入っていった。C・W・ニコル・アファンの森は日本人が里山と呼ぶものに似ている。原野でも樹木園でもなく、人間が利用することで形成された自然林だ。もともとは落葉樹の混交林だったが、C・W・ニコルがアファンの森財団を設立する以前に、落葉樹が切り倒されて針葉樹林に変えられ、のちに放置された。ニコルがそれを落葉樹の混交林に戻したのだ。アファンの森財団は定期的に伐採と枯れ木の除去作業を行い、薪、木炭、キノコ栽培の丸太に使用する幹を選んで切り出し、手つかずの状態だった時より、はるかに明るくて開放的な森林を作り上げた。特に春は上空に葉が生い茂る前に、林床一面に春の花や草木（食用にできるものもある）が陽光を求めて広がる。

日本の里山

アファンの森のような里山はかつて日本中の村落に見られた。人々は里山の葉や枝を肥やしにして畑を耕し、里山から薪を切り出し、野草や木の実を採取し、里山にあるもので工芸品を作り、里山から生活に必要なものを得ていた。常時あらゆるものを利用することで、里山が鬱蒼とした暗い極相林[*17]に変わることはなかった。

いずれは常緑広葉樹林が広がったであろう多くの場所では、人の手が入ったことで、開放的な落葉樹林が昔のまま、最終氷河期寒冷期の遺物として「凍結」したまま残された[*18]。この落葉樹林の外側に広がる原野で、里山のような樹林には用心して入ってこないクマやイノシシが仕留められた。かつてアメリカ先住民は自分たちが保有する広大な土地で、人為的に野焼きなどを行い、食用となる動植物を増やそうとしたが、ある意味、日本の里山もこれに近いものがあるかもしれない。こうした半分天然、半分人間が管理する特別な生態系は、戦後近代化の数十年で日本ではほぼ衰退した。

二〇一〇年に名古屋で生物多様性条約（CBD）第十回締約国会議（COP10）が開催されたが（十月十八日〜二十九日）、それにあわせて日本の環境省は里山を持続可能な森林管理のグローバルモデルとして盛んに打ち出した。かつて政府が森林を破壊して人工の植林地を造成し、里山を切り捨てようとしたことを考えると、なんとも皮肉だ。この問題については長い記事を何本も書いた。それにあたって地方の多くの年配者にお話を聞かせてもらった時に、里山に対する深い思いと喪失感を誰もが一様に口にしていたが、わたしにはよく理解できなかった。

あの四月の日、高力さんについてアファンの森を歩いて、ようやくわかった。森は明るく開放的で、空虚さなど微塵も感じない。落ち葉の絨毯が広がり、そそり立つ白と灰色と茶色に彩られた木々を縫うようにして食用植物が葉を広げている。あちこちでワサビの葉とリュウキンカが彩りを添えている。この気持ちいい森には気軽に入っていけるし、木々の向こうの遠い景色も見渡せる。花に囲まれて横になり、気づけば葉を口にしている。確かにこの森を失ってしまうのは悲しい。それも日本の地方の大部分に広がる、暗く、まるで味気ない、密集した材木林に取って代わられてしまうのならなおさらだ。

食べられる天然の草木は豊富に手に入った。フキは森のいたるところに生えていた。おそらく数百、数千枚にもおよぶ丸くやわらかいフキの葉が地面のかなりの部分をおおいつくしている。味覚的には旬を過ぎてしまったものがほとんどだ。すでに花が開き、葉の茂った茎からぐんと伸びている。高力さんは粉を吹いているフキノトウの花粉に顔を近づけて、わたしにも見せると、こうなる前に摘み取ったほうが味はよかったと教えてくれた。とはいえ、正しい時期に採取すれば、将来の供給量を心配せずに好きなだけ採取できるという。フキの花は根を強く大きく広げているので、どれだけ採ろうが、また生えてくるのだ。

一方で、小川のそばにコゴミ[19]の群生が大きく広がっていたが、渦巻き状の芽を出し、新しい生命の息吹をしなやかに感じさせるこの植物は、過剰採取されると、フキのようにすぐまた生えてくるというわけにはいかない。地面から伸びている鮮やかな緑の渦巻きを前に、高力さんはそれぞれの株に三茎残し、このあと誰にも摘まれないよう祈るようにと教えてくれた。それで次の年はもっと収穫が期待できるのだ。

さらに足を進めて、香りが強烈なギョウジャニンニク[20]と、ヨモギの小枝を何本か、そしてカンゾウの若葉を何枚か摘んだ。

高力さんは阿蘇の花岡玲子さん以上に山菜の滋養強壮効果に関心を持っていた。森を歩きながら話してくれたが、苦味や辛味のある山菜を食べたいと思うのは人間だけではない。クマも長い冬を冬眠して過ごすが、そのあいだに体に老廃物がたまってしまうから、春になって出てくると、あえてザゼンソウ[*21]のような毒を含む野草を探し、それを口にして体内を清浄にするという。人間も同じで、春になると本能的に苦い野草がほしくなり、それを食すことで長い冬のあいだに体に蓄積したものをきれいに排出させると話してくれた。

植物学者のトマス・J・エルペル[*22]も、西洋では「タンポポの葉は『春の強壮剤』を含んでいて、長い冬に腹に入れたが、肝臓が消化しきれなかったものを浄化する[*23]」と書いている。

そういえば、日本に住んでいた時に感じたが、特に地方の人たちは春になると苦い野草を取ろうとしていたかもしれない。わたしはナズナ（ぺんぺん草）が好きで、毎年冬が明ける頃、当時住んでいた家の近くの畑や道端に生えていたこのホウレンソウのようにまろやかな野草をよく食べていた。だが、近所の人たちはナズナには目もくれず、フキノトウを求めたのだ。フキノトウはわたしには苦くて食べられなかった。まだヤマウド[*24]のほうがよかった（苦みや臭みのある食べ物を好む傾向は山菜だけに限らない。わたしは焼き魚の苦味や臭みのある内臓が食べられず、日本人の前夫に、おまえは日本人の「大人の味」がまだわからないんだね、と揶揄《やゆ》されたことがある）。

もちろん、と高力さんは話してくれた。強力な浄化効果のある薬草は少し口にするのがよく、飢饉や貧困で食べ物がなかった時代は人々の空腹を満たすものであったかもしれないが、あくまで薬として考えるべきだ、と。中には食欲を満たすまろやかな味わいの山菜もある。さらに言えば、薬用山菜の滋養効果を十分に得るには、旬の季節にその土地で採れるものを食さなければならない。

これは、「身土不二《しんどふに》」なる仏教の精神[*25]を反映する、と高力さんは話してくれた。「身土不二《しんどふじ》」[*26]の考えは二十世紀初頭にマクロビオティック・ダイエットを始めた者たちによって打ち出された。最大の健康は、地元の旬の食材を摂ることで得られる、と彼らは自分たちの信念を示したのだ。

ギョウジャニンニクの香ばしさ

わたしたちは森の散策から戻り、見上げるほど天井の高い建物の中の教育施設に設置された厨房に入って、森で摘んできたコゴミ、ギョウジャニンニク、ヨモギ、カンゾウをステンレスのカウンターにどさっと出した。花岡玲子さんと同じように、高力さんもわたしに天ぷらを揚げてくれたが、調理法はまるで違っていた。

やはり高力さんはプロの調理人だし、少なくとも兄弟で経営する民宿で台所に立ってきた人だ。この後、天ぷらの衣についての厳格な指示から始まり、野草の天ぷらの揚げ方に関する長口上《ながこうじょう》を聞かされることになった。

氷温の水と花ころもの天ぷら粉[*27]を軽く混ぜ合わせる。花ころもの天ぷら粉がなければ、米粉と薄力粉を半々に混ぜたものでよい。多くの料理本には卵を入れるとあるが、入れなくてよい。丁寧に摘み取った野草は水洗いしなくてよいが、必要があればさっと洗い、水気は完全に切らなくてよい。揚げ油は天かすがゆっくり浮いてくるくらい十分に熱すること。浮いてこないのであれば、温度が低すぎる。天かすが崩れてしまうようであれば、熱すぎる。

まずはギョウジャニンニクを入れて、油に香りづけする（ニンニクのような香りが好みでなければ、最後に揚げてもよい）。ギョウジャニンニクの葉が揚げ油の中ではじけてしまわないように、必ず一枚一枚に切れ目を入れておくように。野草の天ぷらは緑が透けて見えるようにしたいから、衣は薄く。十分に揚がったらつまみ上げてよく油を切る。茎などは後にして、先に葉をすべて揚げること。それで揚げ油の熱が少し冷めて、焦げつきが防げる。つづいて渦巻き状のコゴミの芽のような厚みのあるものを揚げる。質感と食感を増したいのであれば、コゴミの芽やカンゾウを二〜三本まとめて衣にからめること。何より大事なのは熱々の状態で食べてもらうこと。お客さんに食していただきながら揚げるのが望ましい。

最後に指示された「揚げたて」というわけにはいかなかったが、教室脇のテーブルに高力さんが運んできてくれた山のような葉や芽の天ぷらは、十分に熱々だった。高力さんは事務所の人たちも食べないかと声を掛けた。高力さんが断言した通り、とてもおいしかった。さくさくしていて、からっと揚がっている（大量に揚げ物をすると、普通はもっとべったりするはずだ）。そして信じられない香ばしさ。特にギョウジャニンニクの香りがすばらしい。これは阿蘇では味わえなかった。

高力さんのプロの天ぷら料理も、花岡玲子さんの自由奔放な実験的な天ぷら料理も、どちらもすばらしく、どちらかひとつを選ぶことはできない。だが、C・W・ニコル・アファンの森を後にする際にはっきり思った。もはやサヤインゲンやサツマイモなどの単調な天ぷらでは物足りない。

福井――フキの葉包みのおにぎり

芸術家夫婦の金明姫さんとロバート・コワルチックさん

野草の天ぷらも味わい深いものがあるが、七草粥のようなさっぱりとして元気の出る春の一品を食してみたいと思うことがある。そんな時は金明姫《キムミョンヒ》さんの「フキの葉包みのおにぎり」以上のものはない。金さんは旦那さんのロバート・コワルチックさんと、京都市から車で二時間ほど北上した福井県大飯《おおい》郡高浜町の山中に住んでいる。金さんはアーティスト、コワルチックさんは写真家だ。ふたりは娘のキャさんとともに、ピースマスクプロジェクト[*28]を立ち上げた。プロジェクトに参加する人たちは和紙からたがいの顔をかたどった白い「ピースマスク」を作り上げる。その後、多様性、平和、協調のメッセージとして、おだやかな表情を映したそれぞれの白いマスクがひとつにまとめられ、壁に展示される。あるプロジェクトでは、広島、長崎の原爆の被爆者、被爆者二世、三世、さらに四世にあたる子供たちも含めた一〇〇人のモデルの顔を型取りしたマスクが制作、展示された。[*29]

そんな金さんたちが日本最大の原子力発電所である高浜発電所[*30]がある福井県大飯郡高浜町に移住したのは、皮肉なことのように思える。金さん一家はそれまでずっと京都の古く趣のある民家に居を構えていた。コワルチックさんはそこから大阪の大学に通勤し、金さんは今の高浜町の家の近くの集落にある仕事場に通っていた。二〇一一年の福島の原発事故発生後、高浜に住んでいた友人から土地の一角を譲りたいという申し出を受けた。最初は固辞した。福島で原子炉が三基メルトダウン（炉心溶融）したあのおそろしい事故があったあとに、日本最大の原子力発電所近くの土地に移住するのは、正気の沙汰に思えなかったからだ。それも広島、長崎の被爆者を長年支援する自分たち家族がこの地に移るなんて考えられない。だが、時間が経つにつれて、移住は意味あることと思えるようになったのだ。なぜなら、日本のみならず、世界のどこにいても、完全に安全な場所はないのだから。家族で新しい道に踏み出すのは悪くない。

金明姫さんは昔から地方の生活を愛してきた。わたしと同じで、都会に育ち、都会から離れたいと思っていたのだ（わたしはサンフランシスコ、金さんは釜山だ）。金さんに会った時、子供の頃いちばん仲のよかった友達が地方に住んでいて、機会があればいつも訪ねていたと話してくれた。金さんは植物を愛した。家族はクリスチャンだったが、韓国の地方の村に建つ静かな寺院が好きだった。のちに成長して、スコットランドにあるフィンドホーン[*31]のエコヴィレッジ（生活共同体）を訪れてパーマカルチャー[*32]の洗礼を受けると、ヘレン・ニアリングとスコット・ニアリングの『善い生活』[*33]や、エルンスト・フリードリッヒ・シューマッハーの『スモール・イズ・ビューティフル』[*34]といった書物を読みふけることになった。

「小さくてシンプルなものに魅かれるんです」と金さんは話してくれた。

金さんとコワルチックさんは高浜の友人の申し出を受けることにした。段々畑と民家の屋根と山々が間近に見られる場所に、大きなウッドデッキのついた質素な二階建ての家を建てた。家の前の広場には枕木と平石を敷き、桜の木を植えて、ジューンベリー[*35]（この赤紫の甘い小果はサルの好物だ）、イロハモミジ、スイセン、フキ、ボタンを植えた。外を見ているだけで幸せな気持ちになると金さんは言う。集落の十軒の民家で、金さんたちの家がいちばん高いところにある。森のはずれの狭い道のその先には貯水タンクがあるだけだった。タンクは最近設置されたもので、このおかげで町の除雪サービスも受けられるようになった。

助かるわ、と金さんは思ったという。このあたりは冬になると積雪で動けなくなってしまうのだ。

貯水タンクの反対側で細い道が少し大きな道にぶつかるあたりに石段があり、それを降りていくと小さな鳥居がふたつ立っていて、その先に真ん中から左右に傾斜する屋根の下に大きな丸い鐘がかかった神社[*36]があった。神社のこぢんまりとした木造の神殿には、塗装修理などは一切施されていなかった。

このあたりは福井県大飯郡高浜町今寺だ。[*37]

今寺の神社

新しい緑の生命

金明姫さんとロバート・コワルチックさんのご自宅にうかがったのは、四月半ばの午後だった。娘のキャ・キムとは同じ報道関係の仕事をしていることもあって、数年来の知り合いだが、お母さんの明姫さんに会うのははじめてだった。金明姫さんの気品のあるたたずまいに思わず見とれてしまった。細身で背が高く、華奢な体つきに光沢感のある肌。太い黒縁の眼鏡にボブスタイルのグレイヘア、下ろした前髪がよく似合っていて、赤紫の口紅と黒のアイラインが容姿をさらに引き立てている。昼食を料理するにあたって、黒く薄いエプロンを身につけたが、それはわたしが持っているどのランジェリーよりもセクシーだった。この黒いエプロンを、青地に白い水玉模様が入ったボタンダウンシャツと、厚手のやわらかそうな素材の青いゆるめのズボンの上に結んでいる。金さんはおそらくいつものように、自分の生活と考えを屈託なく話してくれた。娘のキャ・キムにはうかがっていたが、ご両親はいろんなことをして、顔見知りの人にも会ったことのない人たちにも進んで会ってきた。だが、金さんはきっぱり話してくれたが、自分たちは集団には属さず、人と距離を置き、静かな山村で生活を楽しんでいるという。

コワルチックさんとしばらく陽のあたるウッドデッキで、滅入るようなアメリカの政治について話していると、金さんが（金さんは政治の話が好きではない。ピースマスクプロジェクトの設立者だが、自分は活動家とは思っていないと話してくれた）これから昼食を用意しますと声をかけてくれた。自慢の「フキの葉包みのおにぎり」をご馳走してもらえるのだ。花芽（フキノトウ）ではなく葉を使う韓国料理をベースにした金さんのオリジナル・レシピだ。まず金さんは庭に生えていたフキを山ほど摘んできた（フキは日本のいたるところで見かける野草だが、庭や畑でもよく栽培されている）。フキは産毛が少し生えた小さなスイレンの葉のように見えたから、その下にカエルやサンショウウオが隠れているのではないかと一瞬期待した。東北地方ではフキの葉はすごく大きくなるので、それを傘にしたらいいとうたう民謡[*38]もある。

金さんについて台所に入った。コンロの鍋がすでにぐつぐつ煮立っていた。金さんは葉を洗って湯にくぐらせる。くすんだ色の葉が湯通しされてしんなり深い緑色になると、湯切りして流水で冷ます。それから葉を一枚ずつていねいに引き抜いていき、手のひらに重ねてしっかり水を切る。今度はフキの葉に包むご飯の準備だ。床にあった大きな炊飯器から炊き立ての白いご飯を器に盛って、ゴマ油を少々、海塩をひとつかみ加え、すりゴマを振りかけて混ぜ合わせる。

準備ができた。金さんとダイニングテーブルに着いて、湯通ししたフキの葉の上にご飯をひと匙《さじ》盛ると、葉でやさしく包み込んだ。

「赤ちゃんを毛布で包み込むようにね」金さんはそう言った。手にしたフキの葉包みのおにぎりは、小さな白い顔を上にのぞかせている。

金さんとおにぎりを波形の縁が茶色く彩られた白青の大皿に並べていった。よく使いこまれたこの大皿に、最後に金さんはクロイチゴの若枝を添えて飾りづけした。韓国でも摘んだ葉を湯がくの、でも、ご飯ではなく、焼いた肉と味噌を巻いて食べるの、と金さんは話してくれた。ツナサラダを巻くのも好きだという。フキの葉包みのおにぎりはいつでも食べられるが、夏の終わり近くはフキのえぐみが強くなる。日本ではフキは葉よりも茎や花芽（フキノトウ）がよく食べられる。茎は醤油と砂糖でぴかぴか光る飴のようになるまで煮込む。花芽はみじん切りして味噌炒めにして食べる。

　金さんはフキの葉包みのおにぎりをひとつ食べてみるように勧めてくれた。口にすると、口の中に風味が広がると言うより、青さというか、かすかな薬草のような香りが喉の奥に漂う感じだ。そして風味はあとからやってきた。苦い。だが、苦くて食べられないというほどではない。フキご飯にあわせて、キムさんはサラダも作ってくれたが、サラダの上にはギシギシ[*39]の葉とアサツキ[*40]がパラパラと振られていた。やはりどちらも庭から摘んできたという。ヨーグルト、ニンニク、塩、コショウ、サラダ油、酢、蜂蜜を混ぜ合わせて作ったというほんのり甘いドレッシングとあわせても、フキの葉包みのおにぎりはおいしかった。長年日本に住んでいるが、キムさんは日本の家庭料理によくある甘塩《あまじょ》っぱい味つけが好きになれず、苦く酸っぱい薄味にしているという。体が浄化され、活力がみなぎるのだそうだ。

　コワルチックさんも昼食に加わった。外のすがすがしい春の日そのものを思わせるひと時になった。金さんはデザートに、バターと黒糖で味付けした焼きバナナにイチゴとアイスクリームを添えて、紅茶と一緒に出してくれた。食事を終えると、金さんはクマ除けのベルを渡してくれて、地元の寺がある方向を指して教えてくれた。朝降っていた雨はすでに上がり、雲のあいだから陽が射して山の中腹の曲がりくねった道を暖めていた。道の両側のところどころに、小さな蘭と薄紫のアヤメの花が咲いている。

二十分ほどでその寺にたどり着いたが、観光客が驚くほど集まっていて、写真を撮って楽しんでいた。古い木造の建物のまわりを、時間とともに朽《く》ち果てつつある壁や、びっしりと彫刻の刻まれた屋根を見ながら、少し歩いた。中庭のモクレンは満開時を過ぎたようで、縁が茶色くなった厚い花びらが散り出し、笑う馬の彫像に降り注いでいる。[*41]金さんの家に戻る途中、段ボール数箱分はあると思われるダイコン、サトイモ、半分崩れたタマネギがまとめて森の奥に放り出されているのを目にした。春は確かに訪れていた。萎びた去年の野菜は、生まれた大地の養分になるしかない。新しい緑の生命に場所を奪われたのだ。

金明姫さんの「フキの葉包みのおにぎり」

フキの独特の香りと形はこのレシピにぴったり。フキが手に入らない時は、一口サイズのご飯を包める大きさであれば、ほかの葉物を使ってもよい。茎が出てくる前のガーリックマスタード（アリアリア、和名ネギハタザオ）はフキよりも小さいが、フキに似た力強い味がするので試してみては。

材料（4人分）

※1カップは米国式で240ccとして計算（以下同）

白米…1カップ

水…1と4分の1カップ

フキの葉…小さめの葉を20枚程度（茎を取ったもの）

塩…小さじ4分の1

すりゴマ…大さじ1と4分の1

ゴマ油…小さじ1

作り方

1 米を洗って水気を切り、中くらいの大きさの鍋に入れ、水を加える。火にかけて沸騰したら弱火にする。ふたをして、水がなくなるまで10分から15分程度炊く。火からおろし、ふたをしたまま5分から10分蒸らす。

2 ご飯を炊いている間、大きめの鍋で湯を沸かす。沸騰したらフキの葉を入れ、しんなりして深い緑色になるまで茹で、湯切りして葉を流水で冷ます。葉を1枚ずつ取って手のひらに重ね、軽くおさえて水気を取る。

3 炊きあがったご飯に塩、すりゴマ、ゴマ油を振り、米粒をつぶさないよう軽く切るように混ぜる。味をみながら調味料を加減する。

4 茎側を手前にして、手のひらに葉を広げて置く。先ほど味つけしたご飯を大さじに山盛りにすくい、葉の中央にのせる。その際、周囲に少し余白を残すこと。葉の下の部分（茎がついていた部分）を上に折り、次に左右を内側に折る。上の部分から白いご飯が顔を出すようにする。残りの葉も同じようにしてご飯を包む。

第2章

生命の木

トチノミの盛衰

栃を伐《き》る馬鹿、植える馬鹿

静岡県に伝わる口誦句《こうしょうく》*1

滋賀――トチノミを食べて生き延びた日本人

トチ餅に惹かれて

アメリカ人の思考回路には残念な傾向があるようで、社会の流れをかたちづくるうえで身近なものが果たした役割を、さほど重視しないことがあるようだ。アメリカの歴史の教科書はどこを見ても慈悲深い王や英雄と思しき将軍の記述にあふれていて、実は鍬《くわ》や蚊《か》といったものがはるかに多くをもたらしたことを忘れてしまっている。それはわたしも同じで、日本に長年住んでいながら、これまでトチノキになど目もくれなかった。ところが、トチノキと苦味のある黄色いトチノミは日本の歴史において、計り知れないほど大きな役割を果たしてきたのだ。

子供の頃、母とサンフランシスコの自宅近くの公園で、トチノミに似た木の実を、栗のように甘い木の実だと思い込んで集めたのを覚えている。母とがっかりしたのだが、その実一つひとつに注意しながらナイフを突き刺し穴を開けて火で焙《あぶ》ってみたところ、ひどく苦くてとても食べられなかった。日本のトチノキと同種のアメリカトチノキかセイヨウトチノキ（マロニエ）の実だったに違いない。日本のトチノミもアメリカトチノキとセイヨウトチノキの実も、栗の実とは植物分類上まるで異なる。どれも毒性が強く、適切な処理を施さずに飲み込むようなことがあれば、嘔吐、下痢、けいれん、麻痺を引き起こし、ごくまれに死に至ることもある。幸いなことにどれもひどくまずいので、普通はそこまでの事態には至らない。

わたしは日本で一度ならずトチノミを食べているはずだ（もちろんしっかり加工されたものだ）。前の夫とまだ一緒だった頃、昼過ぎの山中を車で走っては、どこかで見聞きした大変な樹齢を誇る巨木を探し回ったものである。このおかしな趣味のおかげで、トチ餅（トチノミを完全に灰汁《あく》抜きし、もち米と一緒に蒸してから搗《つ》いてお餅にしたものだ）をまだ作っているような人里離れた各地の農村に自然と足を運ぶようになり、果てはふたりでトチ餅の名産地として知られる三重県尾鷲《おわせ》市に数年住みつくことになった。だが、ぽつぽつと斑点のある黄色いトチ餅について、一度も思いめぐらすことはなかった。どこに行っても、ヨモギ餅、イチゴ生クリーム大福、抹茶餅、餡子《あんこ》餅など、さまざまなタイプの餅が売られているだけで、肝心のトチ餅を目にした記憶がないのだ。

だが、本書執筆にあたって調査を開始すると、トチノミは日本の「原初の食物」であると知った。長く続いた縄文時代には、高カロリーであることから狩猟採集で生活していた人々の重要なエネルギー源であったし、のちに農業が始まると、飢饉に備える大事な保存食になった。日本の歴史において、数千人どころか数百万人の人々にとって、トチノミは飢えをしのぐ無二の重要食物であった。

一九六〇年代までトチノミが大事に食されてきた地域もある。人類学者の宮本常一《つねいち》は日本全国を旅して、農村に住む人たちから聞き取った話を膨大に書き残した。岐阜県の山間の村で作りたてのトチ餅を振る舞われた時のことも記している（日本で餅搗きは杵と臼を使って伝統的に行われてきた）。

宮本は訪れた岐阜県のある山村で、トチノミのおかげで村人たちは飢えをしのぐことができたと聞かされた。その村では女子が嫁ぐ時に、家のトチノキを譲られるという。正確に言えば、村にある一本のトチノキの実を摘み取る権利を譲渡されるのだ。秋になると、娘はそのトチノキまで行ってトチノミを集めると嫁ぎ先に持ち帰り、屋根裏に保存した。そうすると、炉端の煙が充満して長持ちしたという。

今も古い農家が壊されることがあると、屋根裏からほこりをかぶったトチノミが出てくる。不作のときに、この家の人たちがトチノミを主食に加えて食べていたのだ。どのくらいトチノミは食べられていたのかと宮本がたずねると、かなり多くの家で行われていたと答えが返ってきた。（トチノミは）「厳しい山の生活に耐えていく大事な力になっておるのだ」という。面白いことに、「お祭りのときにも米のモチを搗くということはほとんどなく、トチモチを搗いてお祝いをするんだ」[*2]と宮本は教えられる。

宮本がこの話をくわしく語ったのは一九八〇年で、その頃にはトチノミはもはや観光客向けの土産品に過ぎなかっ

臼と杵

た。だが、「トチノミは日本人が生き残る重要な食物だった」と宮本は記している。

トチノミの重要性を指摘するのは宮本常一だけではない。『トチノキの自然史とトチノミの食文化』の共著者、和田稜三は、次のように記している。

> トチノミの食文化からは、縄文文化と弥生文化を基層とする日本文化の実像が見えてくる。それは、日本列島の多様で豊かな森林生態系に適応してきた日本人の歴史そのものでもある。[*3]

のちに『トチノキの自然史とトチノミの食文化』の共著者、谷口真吾氏と電話で話すことができた。森林研究者の谷口さんは、トチノキを魔法の樹木と呼んだ。大きなものは高さが三〇メートル、太さが直径二メートルの巨木に成長する。幹は枝分かれし、葉は三枚から九枚の指のように分かれた掌状複葉だ。年によっては二〇〇から三〇〇ものトチノミが成る。十年は保存可能で、白米よりカロリーが豊富だという（一〇〇グラムあたりのエネルギー量は、白米が三五二なのに対し、トチノミは三六九になる）。

トチノキは、根を広く張って川岸を支える。空に向かって円錐形にそびえるクリーム色のかぐわしい花々にはハチなどの花粉を運ぶ昆虫が蜜を求めて集まり、くぼんだ穴はクマや鳥たちの住みかになる。樹皮からは薬が、トチノミからは染料が取れる。トチノキが切り倒されることがあれば、木材は家具や楽器や各種の道具になる（特にバイオリンには最高の素材だ）。

だが、谷口さんのトチノキに対する関心は実用的な面だけに限らないようだ。

「お電話をもらって話しているうちに、今年はまだトチ餅を食べていないことを思い出しました」と谷口さんはいかにもトチ餅を食べたそうな声を出した。

電話で答えてくれた谷口さんは、今は沖縄に住んでいるという。沖縄はトチノキが生えていない国内の数少ない場所だ。話を終える前に、何か言っておきたいことはないですかとたずねると、谷口さんは少し考えてからこう答えた。

「トチのえぐみは一度口にしたら忘れられません。昔の日本人はトチノミを食べて生き残りました。だから今のわたしたちがあります。わたしたちは生まれた時からトチノミの風味を求めています。古代人がトチノミを食べて生き残った縄文時代から、遺伝子に刷り込まれているのです」

「巨木と水源の郷をまもる会」の発表会へ

このころには、わたしもトチノミをどうしても食べてみたいと思うようになっていた。そして、一体どんな魔法の調理法が有害な灰汁を含んだ実を米代わりになる大事な食糧に変え、人々の命をつないできたのか、知りたくなっていた。

知人たちから、滋賀県高島市朽木《くつき》ではまだトチ餅が作られており、地元の木々を守る運動も行われていると聞いた。この運動は「巨木と水源の郷をまもる会」という団体が推進していて、わたしが同地を訪れる予定でいたその日に、まさにこの団体による発表会[*4]が開かれ、トチノキを研究している地理学者も数名参加するとわかった。「巨木と水源の郷をまもる会」の人たちがありがたいことに集会に来たらどうかと言ってくれたので、即座に参加することにした。翌日は周辺の村落にも足を運ぶことにした。トチノキを見学し、トチ餅がどのように作られるか見られるかもしれないと思ったのだ。

　こうして三月下旬のすがすがしい朝、わたしは地理学者の藤岡悠一郎さんと手代木《てしろぎ》功基《こうき》さんのレンタカーに同乗し、京都市内から北の山地に向かった。藤岡さんは九州大学の准教授、手代木さんは摂南大学の講師だ。ふたりとも若く、きちんとした服装で、とても丁寧に迎えてくれた。会うとすぐに名刺を差し出し、荷物を車に積み込むのも手伝ってくれた。

　藤岡さんの運転する車が京都市内の渋滞に巻き込まれるなか、藤岡さんと手代木さんの朽木での共同研究について話を聞くことができた。ふたりが今研究を進めているのは、トチノキの巨木が固まっている場所を突き止めて、なぜ今もそこに残っているのか解明する[*5]というものだった。藤岡さんも手代木さんも、トチノミ以外の食用にできる天然の草木にも関心を持っていた。特に藤岡さんは狩猟採集の文化なら何でも強い興味があるようで、わたしが最近調査を進めているワラビの芽やウバユリ[*6]の球根について熱心にたずねてきた。だがわたしとしては、トチノキについて読んだ話をふたりに確認したかった。

「朽木の人たちはトチノキに祈るのですか？」とわたしはたずねた。

「祈りますね。山の神が宿っていると信じられている古い巨木があって、それに祈ります」と藤岡さんは話してくれた。「もちろん、そうした木々は信じられないくらい大きいですから、どれも神が宿っていると思っても不思議でありません」

「成木責《なりきぜ》めはどうですか？　それも行われていますか？」とわたしはたずねた。

その一週間か二週間前、民俗学者の野本寛一の『栃と餅 食の民俗構造を探る』で、奇妙な記述を目にした。あまりにも奇妙な話なので、わたしが日本語を読み間違えているかもしれないと心配になったほどだ。野本は大正十一年（一九二二年）に静岡県磐田郡佐久間町に生まれたという、ひとりの男から聞いた話をつづっている。


栃の実を食べ続けてきた人びとにとって栃の実の豊かな実りは切実な願いだった。栃の実の豊饒を願う行事がなかったわけではない。一月一五日の小正月に、柿の木に対して行われるナリ木責めは広く知られるところである。夫婦や兄弟などが柿の木のもとに赴き、「ナルカナラヌカ　ナラヌト　ナタデ　ブッキルゾ」「ナリマスナリマス」と二者が、神と柿の木の精を演じ、柿の木の精がその年の柿の豊饒を神に対して誓約するという古層の匂いをまとう呪的な行事である。愛知県北設楽郡富山村・静岡県磐田郡水窪町、同佐久間町などでは、このナリ木責めを栃の巨樹に対して行っていたのである。佐久間町横吹の森下政太郎さん（大正一一年生まれ）は語る。一月一五日の朝、父宗平は鉈を持ち、母よねは小豆粥を持って家から二キロほど離れたネヤマの栃の森に赴き、父が栃の巨木に向かって「ナルカナラヌカ　ナラニャキルゾ」と唱え、鉈を栃の木に当てると、母は「ナリマスナリマス」と唱えて小豆粥を栃の木になすった。

野本寛一『栃と餅 食の民俗構造を探る』（40～41ページ）

「古層の匂いをまとう呪的な行事」が「成木責め」であると野本寛一は記しているのだ。「成木責め」は読んで字のごとく、木に実を成らせるように責め立てるというものだ。

藤岡さんは、朽木の人たちが同じようなことをしていると聞いた覚えはないと言った。

「でも、『成木責め』について、わたしは読み間違えていますか？　本当に木を脅して豊作を求めるようなことが行われているのでしょうか？」

「確かに行われています」と今度は手代木さんが答えてくれた。「成木責めはよく見られる習慣です。トチノキではなく、柿の木や梅の木で行われることが多いです。最後に枝を切ったり、幹に傷をつけたりすることもあります」

それを聞いてさらに驚かされた。わたしは祈りのようなものを思い浮かべていたが、自然を崇拝する山の人たちに対するわたしのそんなロマンチックな考えを、目の前の地理学者が陽気な口調で打ち砕いてくれたのだ。だが、手代木さんの次の言葉で、わたしはふたたび考えを変えることになる。

「実際、これには科学的根拠もあります。植物を傷つけたり圧力を加えたりすることで、結実量が増えることはあります」と手代木さんは話してくれた。

現代の果樹園では、幹や枝の樹皮を輪状に切り取ることがよくある。樹木の循環系を一時的に傷つけると、葉から炭水化物が生成され、それが根ではなく、枝に集中して流れるのだ。その結果、大きな実が豊富に成《な》ることが期待できる。

昔の日本人だけが、科学で証明されるずっと前からこの効果を見抜いていたわけではない。一世紀以上前にスコットランドの人類学者ジェームズ・ジョージ・フレイザー[*7]は、マレーシア、クロアチア、ブルガリアでも日本の成木責めに近いことが行われていると記している。

そんな話をしているうちに、車はすでに山中奥深くに入っていて、川沿いの細い道を滑らかに進んでいくと朽木[*8]が見えてきた。その前に通ったのが鯖《さば》街道だ。鯖街道は日本海沿岸の若狭国（現在の福井県に該当）と京都を結ぶ道で、主に魚介類を京都へ運搬する物流ルートだったが、中でも鯖が多かったことから、この名で呼ばれるようになった。

やがて谷が開けて、朽木の中心部に入った。朽木はかつて滋賀県西部の高島郡に属していたが、今は高島市に併合された。深い山々に囲まれた朽木には集落が点在し、発表会が開催される中心部には安曇川を挟んで両側に住宅のほか、各種店舗が何軒か並んでいる。雪はすでに数週間前に溶けてしまったようで、跡形もない。梅の花が満開で、小川は雪解けの水できらりと光り輝いている。道端にはヨモギやフキ、カンゾウ、ハコベの新芽がみずみずしく広がっている。

栃餅ぜんざい

「巨木と水源の郷をまもる会」の発表会は午後で、それまでに少し時間があったので、やはりトチノキを研究している飯田義彦さん（筑波大学准教授）と合流し、昼食をともにすることにした。昔の百貨店[*9]で、今はコミュニティセンターとして利用されている会場に一緒に向かった。

「トチ餅はどうでしょう？」藤岡さんは会場ビルの一階に入っている在来工法[*10]で建てられた暖かい雰囲気のレストランで一行をテーブルに案内しながら、そう言った。

わたしが喜んでいただきますと答えると、藤岡さんは厨房のカウンターによりかかっていた愛想のいい年輩の女性スタッフに「栃餅ぜんざい」を四つ注文した。

「栃餅ぜんざい」が漆塗りの椀に盛られて運ばれてきた。ゴルフボール大のキツネ色をしたトチノミが甘く温かい小豆の汁にまろやかに溶け込んでいる。トチノミをひと口齧《かじ》った。普通の餅と同じようにコシと粘り気があるが、表面はややゴツゴツしている。妙になじみのある味だ。はたして何であったか？　もうひと口。さながら……重曹（炭酸水素ナトリウム）を大量に入れたパンケーキ？　同行者の三人にそう話すと、あるいは木灰《きばい》の味がするのかもしれない、トチノミから有害な灰汁を抜いて食べられるようにするために木灰を入れているから、と話してくれた。重曹も木灰もアルカリ物質だから、確かにクセのある味がする。もうひと口齧ってみる。今度は先ほどの重曹のような味はせず、思いもよらない苦みが舌をつく。これがトチノミの味か。おかげで小豆が甘すぎず、まろやかに味わえる。

その晩、樹木が生い茂る丘の中腹にある質素で優雅な佇まいの郷土料理店「はせ川」で、ふたたびトチノミを食す機会に恵まれた。ここではきつね色の粘り気のあるトチノミが高温の油で揚げられて、大根おろしときざんだワケギネギを添えた香ばしい煮出し汁に入って供された。パリパリに揚げられたトチノミは中がとろけるほどまろやかで、わずかな渋みが揚げ餅の重さを和らげている。先ほどのぜんざいが、渋みのおかげで小豆の甘さが抑えられていたのと同じだ。

阿蘇で花岡玲子さんが出してくれた野草の天ぷらが、栽培野菜を揚げたものとは比べものにならないおいしさだったことを思い出した。わたしはここでも、苦みを放つ強烈な天然植物の虜《とりこ》になった。

翌日、「巨木と水源の郷をまもる会」事務局の清水美里さんに会い、ご一緒してもらえることになった。清水さんは、トチ餅は煙草のように病みつきになると聞いてました、と話してくれた。誰もがおいしいと認めるわけではないが、たまらなく魅かれるものがある。清水さんに言わせれば、トチノミは味がいいというより懐かしさを感じさせるものだ。植物学者の谷口真吾さんも指摘したように、トチノミは昔の日本の山々の代名詞ともいえる味わいをもち、古くから日本人の遺伝子に刷り込まれているのかもしれない。

トチノキとトチノミの歴史

古代人のもっとも重要な食糧

　朽木でトチノミが最初に食べられたのは江戸時代の享保十八年（一七三三年）と記録にはあるが、おそらくこの地の人たちはなんらかの形でそのずっと以前からトチノミを食べていたと思われる。朽木からそれほど離れていない、現在の大津市内の琵琶湖の南端の粟津《あわづ》湖底に水没していた縄文時代の貝塚[*11]が、考古学者たちによっていくつか発見されているのだ。この粟津湖底遺跡に残されていたものから、縄文時代の人々が食べていたものが明確になった。琵琶湖に沈んでいた貝塚のひとつ、第三貝塚は、縄文時代中期前葉（紀元前二五〇〇～紀元前一五〇〇年、約四五〇〇～三五〇〇年前）のものと思われる。第三貝塚には、セタシジミなどの貝類、イチイガシ、トチノキ、ヒシなどの堅果類、フナ属、コイ、ギギ属、ナマズ属の魚類、スッポン、イノシシ、ニホンジカなどの爬虫類および哺乳類魚類の層がそれぞれ、良好な状態で保存されていた。

　きれいな層になっていたのは、春と夏には貝殻を、秋には堅果を集めていたからだ。第三貝塚は元々湖畔にあったので、食料として採取、捕獲され、のちに投棄された殻は分解されていたはずだが、湖の水面が上昇して湖底に沈んでしまい、図らずも腐ることなく当時のまま保存されたのだ。第三貝塚に残されたこうした動植物の遺物の総カロリーは二〇〇〇万カロリーを超えると推定される。

このうちトチノキは、全体の約半分を占める堅果類の三分の一を占める。この事実から、トチノキは驚くべきことに、縄文時代にこの地域で生活した人たちの食事のカロリー量の三八・九パーセントを占めていたと、滋賀県文化財保護協会の伊庭功《いばいさお》は見ている。明らかに古代人は、トチノミを飢饉の時だけでなく、もっとも重要な食糧として日常的に食べていたのだ。そして当時の人々がトチノミの有害な灰汁を抜く方法も会得していたこともわかる。

だが、このあたりでは栗やドングリなど、簡単に調理できて、味もまろやかな堅果も手に入るはずなのに、なぜ縄文時代の人たちはトチノミの灰汁を抜く（うまく抜けないと、体を壊すことになる）労を取ったのだろう？

この疑問を『トチノキの自然史とトチノミの食文化』の共著者、谷口真吾さんと電話で話した際に投げかけたところ、ふたつの答えが返ってきた。

ひとつには、トチノミは日本最大の堅果だ。よって採取するには時間がかかるが、カロリーは最大だ。もうひとつ、野生の堅果の収穫は年によってまちまちであり、ある年はドングリがよく採れ、別の年はトチノミが豊作だったということもある。したがって骨が折れたとしても、あらゆる堅果を採取して食すことが食糧を維持する安全な方法だったのかもしれない。

縄文人がトチノミを食べていたという証拠は、ほかにも日本各地で発見されている。和田稜三は『トチノキの自然史とトチノミの食文化』第六章「縄文時代から食べられてきたトチノミ」に「トチノミが出土した縄文遺跡一覧」を記し（176～181ページ）、トチノミが出土した日本全国の遺跡を一六四カ所挙げている（滋賀県からは粟津湖底遺跡のほか、さらにふたつの遺跡も挙げられている）。一万年前にさかのぼると思われる遺跡もわずかに見られるが、四〇〇〇年ほど前から日本の至るところでトチノミが食べられていたようだ。

日本のトチノキ自体は、約二三〇〇万年前の新生代中新世初期に進化したと思われる。この時期に化石化したトチノキの遺物が各地で豊富に見つかっているからだ。当時の日本列島は今よりずっと寒かった。そして今日もそうだが、トチノキは本州の日本海側や各地の山岳地帯など、国内の気温の低い積雪地でもっとも繁殖する。谷口さんは、トチノキとトチノミが今のように暖かい地域で広く分布したのは、人間の活動範囲が広がったことが一因ではないか、と電話で話してくれた。トチノキが植えられた形跡は特に見つかっていないが、トチノキをいろんな形で利用したり、ほかの木々を伐採しつつもトチノミは食糧として価値があるため残したりしたことで、結果としてトチノキが国中に繁殖することになったのかもしれない。

トチノミは不要な食材に

縄文時代の終わりにかけて、日本人の食生活を激変させる一連の変化があった。日本列島が冷え込み、氷河期にほぼ列島全土をおおっていた針葉樹林がふたたび一部の地域に出現したのだ。これによって食用植物は目減りし、狩りで得られる動物の頭数も減り、人間の数も必然的に減少することになった。朝鮮半島から渡来人[*12]が九州地方にやってきて、当時は革新的な稲作技術であった水稲を伝えるが、渡来人が出会った日本の漁師や食糧採取者は、すでにきびしい天候を十分に経験していたから、新たな生活形態を取り入れようとしたのではないか、と歴史学者のコンラッド・タットマン[*13]は指摘する。

事実、紀元前四〇〇年頃（縄文時代の終わりから弥生時代の初め）から、水稲が日本列島北部の湿地帯や川沿いで徐々に見られるようになる。

日本初の中央政府である邪馬台国[*14]がその一〇〇〇年かそれ以上あとに成立するが、その頃には米が神話や宗教儀式のほか、貴族の食文化において中心的な役割を果たすようになっており、以降もそれは続くことになる。

だが、農耕に適さない山村およびこの国の北部に住んでいた人たちが狩猟や採取中心の生活から農耕中心へと切り替えるのは容易ではなかったため、結果として自然から得られる食物と、栽培したり家畜にしたりして手に入れる食物の両方に頼らざるを得なかった。そして多くの地域で、トチノミは非常に重要な食物であり続けた。村人たちは共有の森に生えているトチノミをいつどのように収穫するかを決めた規則を定めていたし、トチノキを許可なく伐採した者はきびしく罰せられた。残された記録を見る限り、朽木のような地ではトチノミの灰汁を抜いて食べるのはごく普通のことだったようだ。

藤岡悠一郎さんが共同調査者たちとともに話を聞いた年配者によると、一九五〇年まで、トチノミの灰汁を抜く技術は米やダイコンを栽培、採取するのと同じで、ほとんどの家庭で行われていた。だが、戦後に近代化が急ピッチで進むと、トチノミはついに不要な食材となってしまった。トチノキも経済的価値の低い雑多な樹木、いわゆる「雑木」と見なされてまとめて伐採され、スギやヒノキを中心とする針葉樹の人工林に取って代わられた。一九六〇年代には政府の資金が投入され、全国で一年間に四〇万ヘクタールもの人工林が造林されている。

谷口真吾さんは一九六五年、この大規模な植林、造林が進行していた頃に兵庫県に生まれた。電話を切る前に谷口さんが話してくれたところでは、子供の頃、兵庫の家の近くで長い樹齢を誇るトチノキの巨木が切り倒されるの見て、それはおかしなことだし、間違っていると思ったという。「みんな二〇〇年も三〇〇年も生きていたんです。ひとりの人間の生よりずっと長く生きていいます」

だが、人間の生活を支えるトチノキの有用性がなくなると、この巨木を維持する理由も失われた。トチノキ、トチノミにつながる「栃」の字を持つ地名が各地に残されていることから、すでにトチノキは切り倒されているとしても、その地に確かに生い茂っていたことはうかがえる。残念ながら、戦後に切り倒されたトチノキの数に関する情報は残されていない。政府が伐採された雑木林にトチノキがどのくらいあったかを記録する労を取らなかったからだ。

トチノキを守れ

市場価格を大きく下回る価格で売買

朽木も状況は変わらなかった。一九六〇年代にはトチ餅が食べられることもなくなり、周辺の造林が残酷なまでに効率的に進められた。一九八〇年代に地元の人たちがトチ餅作りを復活させ、観光客の土産物として売り出すようになったが、それでも長い樹齢を誇る風格あるトチノキを守ることはできなかった。そのうちに、トチ餅製造会社は村の外からトチノミを仕入れるようになった。地元の人たちが高齢化して足腰が利《き》かなくなり、山に入ってトチノミを採取するのが困難になったからだ。こうしてトチノミはいつのまにか地元の生態系から消えていった。

「二〇〇八年頃から、朽木の奥深い集落の人たちは、木々がヘリコプターで一本一本運ばれていくのを見るようになりました」と「巨木と水源の郷をまもる会」事務局の清水美里さんは話してくれた。

当時、清水さんは琵琶湖畔に住んでいたが、のちに山奥の集落に移住している。

「きっとあれはどこどこのトチノキだと、地元の人がうわさしていたようです」

あとで、ある木材業者が敷地の境界線や砂洲に貴重な樹木が残っているという話を嗅ぎつけて、高齢の所有者たちの家を訪ねてまわっていることがわかった（朽木はほかの地域と異なり、ほとんどの森林は個人の所有物であることが多かったのだ）。

清水さんによると、木材業者は一本あたり約五万円で買い取ると持ち掛けたという。市場価格を大きく下回る価格だ。今なら、長さ二メートル、幅一メートルのトチノキの一枚板にはその六倍以上の値がつく。トチノキは各種テーブル素材に用いられる。縁を無加工、無塗装で仕上げることで、「自然そのもの」感が打ち出され、高級素材を扱う業者に好まれる。フローリング素材としても最適だ。

それでも、木材業者の提示額は地元の多くの年配者には魅力的に思えた。なぜなら、トチノキはその人たちにとって無用の長物になり果てていたからだ。トチノミがなくても生き延びることができる。トチノキはもはや奇跡のような生命の源ではなく、ただの樹木だ。かつては森の動物たちにさまざまな恩恵をもたらし、渓流の水を清らかにしてきたが、そのありがたさを感じる者はなく、価値のないものになり下がってしまった。

だから年配者たちは、提示された額で売却に応じた。だが、ほかの村人たちは猛烈に反対した。トチノキが昔の生活を脈々と伝え、朽木の小川や渓流をきれいに保ってきたのだとして、その重要性を認識する人たちもいたのだ。木材業者がトチノキを買い上げていると誰かが滋賀県の自然環境保全課に報告し、同課職員が調査に乗り出した。政府が重い腰をようやく上げるのと時を同じくして、トチノキと地域の自然崩壊を懸念した高島市と周辺町村の住民たちによって「巨木と水源の郷をまもる会」が立ち上げられた。同会は、前滋賀県知事で、自然保護を訴える嘉田《かだ》由紀子（現参議院議員）にも賛同を求めた。

「巨木と水源の郷をまもる会」が立ち上がるまでに、すでに六十本ものトチノキの巨木が伐採されていた。最大の木は五人が手を伸ばしてようやく囲めるほど幹が太いものだった。しかし、ほか五十三本を救う時間はまだあった。伐採契約もすでに交わされ、金銭の授受も済んでいたが、まだチェーンソーにとどめを刺されてはいない。

虚偽情報を与えて巨木を買い取ろうとしたとして、契約無効を求める訴訟が起こされ、最終的に和解に至った。非営利の自然保護団体「日本熊森協会」（兵庫県西宮市）が残された巨木四十八本の所有権を九六〇万円で買い取ることで合意が成立したのだ（二〇一三年十月二十四日）。トチノキの元の所有者は木材業者からの受取金を戻す必要はなく、売り払った土地の権利とともに保持できることになった（残り五本は所有者が業者から直接買い戻した）。

樹木を対象とする土地信託のような契約となったが、望ましいことがふたつあった。ひとつは、日本熊森協会は重要な木々を保護するだけで、ほぼ植林地になっている膨大な土地の管理責任を負わずに済むこと。もうひとつは、所有者は今後、特定の樹木を伐採したり再び売ったりすることができないだけで、家族が代々受け継いできた土地の権利は手放さずに済むこと。また、同様の事態が再発するのを防ぐため、滋賀県は高島市と琵琶湖北東に広がる長浜市の一部に存在する一六二本のトチノキについて、所有者と保全協定を結んだ。政府は国が定める法により樹木を買い上げることができなかったため、貴重な樹木を今後永久に伐採、転売しないと所有者たちに約束してもらい、それに対しては「謝意」という形で、一本あたり五万円の保全協力金を支払った。

嘉田元県知事も参加

藤岡悠一郎さん、手代木功基さん、飯田義彦さんとともに、わたしが丸八百貨店の会議室で開かれた「巨木と水源の郷をまもる会」の発表会に参加した年には、同会は朽木に残っているトチノキのリストアップや植樹のほか、各種の祭典やイベントを通じて会の活動をいかに一般に広めるかといったことに力を入れるようになっていた。

発表会では、こうした活動の進捗状況が簡単に紹介された。安曇川下流の湧水の村で有機農業を営む人[*15]はスライドを映しながら、下流で農業を営むためには上流である朽木の森林が健全な状態に保たれていなければならないことを説明した。嘉田由紀子元滋賀県知事も参加し[*16]、発表を聞き終えると立ち上がって、伝統的な農業と林業を取り戻すことは大いに意味があると手短に意見を述べた。朗らかに意欲的な様子で考えを述べる元県知事の話しぶりは人を惹きつけるものがあった。それと同時に、元県知事も言及したが、社会的、経済的な発展が進む中で廃れてしまった慣行を十分な規模に達するまで蘇らせることがはたしてできるのかで、密かに疑問を抱かずにいられなかった。それでも、朽木のトチノキを救うには嘉田元県知事の尽力が不可欠なのだと、飯田さんと清水さんは口を揃えた。

トチノミを作る人たち

灰汁抜き

その晩は、日本人写真家とアメリカ人翻訳家の妻が経営する安曇川沿いの民宿に宿泊した。翌朝、景色が望める窓辺に座り、山の中腹で凧《たこ》が領空をめぐって争うようにして揚がっているのを眺めた。大凧は目の前に迫り、まるで木の壁が迫ってくるようだった。

十時頃、「巨木と水源の郷をまもる会」代表の小松明美さんが車で迎えに来てくれた。六十代後半の小柄な小松さんはブルージーンズに深緑のフリースという出で立ちに、辛子色の線が入った茶色いソフトハットをかぶっていたので、彼女の頭が一瞬、毛羽立ったトチノミに見えた。最初の挨拶《あいさつ》は素っ気なかったが、その顔は笑みを浮かべた瞬間、ぱっと明るくなり、鋭かった目は丸い頬の上で細い線になって見えなくなった。

その日も美しい青空が広がっていた。

小松さんはわたしを車に乗せて、町の小さな中心街を抜けて北に向かい、やがて山にくねくねと向かう脇道に入った。数キロごとに集落が現れるが、どれも美しい日本の田舎をあしらった絵はがきを見るようだ。どの集落にも、屋根が急角度に傾いた農家が小さな田畑にのしかかるように立ち並んでいる。そしていたるところで年配の農婦が春の土を鍬で掘り起こしている。だが、車からもうかがえるが、多くの家が廃墟と化し、それぞれのあいだにはスギが一様に鬱蒼と生い茂っている。成人してからほぼずっと環境活動家として行動してきたという小松さんは、車の窓を開けて生い茂るスギをにらみつけた。

「みんな切り倒さないと！」と小松さんは冷淡な表情でつぶやいた。

混交林そのものが手のつけられない状態で、伐採は進まなかった。木材の値段がつかず、伐採にかかる費用も回収できないからだ。その一方で、材木業者はテーブル素材になる数少ないトチノキに目を付けた。どんな状況であってもトチノキの伐採には賛成できないですか、と小松さんにたずねてみた。

「絶対に賛成できません」と小松さんは答えた。「特に利益を優先して自然への影響をまるで考えない企業は受け入れられません。昔は木のあらゆる部分を使っていました。今は不要な部分を谷に放り出して、幹だけ持ち去ります。絶対に許せません」

二十分ほど走らせると伝統工法（木造軸組構法）で建てられた農家が見えてきて、小松さんは陽光が降り注ぐその中庭に車を停めた。元気よく出迎えてくれた清水美里さんは、私と同じくらいの年頃の感じのいい人だ。「ぱっつん前髪」で、スカートの下にジーンズをはいたやや奇抜な格好の清水さんとともに出てきたのは、家の主である物静かな山下露子さんだ。山下さんは両手を膝の上に置いて、仰々しくお辞儀した。少し前に町の会社を退職して、今は亡き義父の仕事を引き継ぎ、毎週数百個のトチ餅を作って地元の土産店に出荷している。

山下さんの義父は一九八〇年代にトチ餅作りを復活させたひとりだ。山下さんは午前中の業務をストップして、わたしにトチ餅作りを見せてくれるのだ。

トチノミを食べられるようにするには二週間かかる。苦みの素《もと》であるタンニンとサポニンを抜くのにそれだけの時間が必要なのだ。タンニンは水溶性化合物で、さまざまな食用植物に含まれている。少量なら無害で、好ましい場合もある。タンニンのおかげでワインには辛口の重層感が生まれ、紅茶を長めに抽出すると舌がピリッとするような渋味が味わえるのだ。だが、量が多いと食用に適さない。よって、ドングリはたいていそうだが、水に浸したり、茹でたりして、タンニンを抜いてから食す。サポニンも量が多いと苦くて害がある。各地の先住民は古くから、サポニンを使って魚を殺していた。だが、サポニンはタンニンと違って水に完全に溶けることがないため、灰汁抜きする必要がある。

日本語では、このような好ましくない物資を取り除くことを「灰汁抜き」という。灰汁は元々、木灰を水で漉《こ》して作ったアルカリ液水で、布の洗浄や染色に使われていた。そのうちに山菜や野菜のもつ余分な渋みや苦みやえぐみを取り除くために使われるようになった。

今では「灰汁抜き」あるいは「アク抜き」という言い方は、トチノキからサポニンを抜くことから、スープの灰色の浮きかすを取ること、はては人の反感を買う強い個性やその人物を取り除くことまで、さまざまな意味で用いられている。

このトチノミの灰汁抜きに、山下露子さんは今、人生のほとんどを捧げている。

中庭に案内されると、そこには大きな桶《おけ》が置かれており、中の澄んだ冷たい湧き水にトチノミがぎっしり浸されていた。湧き水が一本の管からちょろちょろと流れ込んでいる。見ると、管のもう片方の先は隣の畑を横切って森の奥まで伸びていた。湧き水はいくらでも自由に使えるから、その点は町のトチ餅工場よりも有利だ。家のまわりの森にはトチノキもあるが、山下さんはもうトチノミを集めに行くことはできないと言う。それは大変な仕事だし、稲刈りの季節と重なってしまうからだ。今は県内の別の場所から取り寄せているという。

ここにあるトチノミは二年前の秋に採取して乾燥させたもので、すでに一週間も流れる湧き水にさらしてあるとのこと。さらに三日このままにして、水分が十分に行き渡って水溶性の毒性物質が抜けるのを待つのだ。山下さんは金属のざるでトチノミをカップ数杯分すくい上げると、小屋の前に置かれた火鉢に向かった。炭火の上には鍋があって、中の水が温められている。山下さんはざるに入ったトチノミをお湯にどさっと沈めて、お湯に触れた。どうやら温かすぎるようだ。灰汁を抜く過程では水温には常に気を配らないといけない。冷たすぎればえぐみが抜けず、温かすぎればトチノミが溶けてしまう。山下さんは急いで片手鍋に湧き水を入れて戻ってきて、鍋にさした。

続いて、トチノミをひとつすくい上げると、近くの石の上に置いて、しゃがみこんで金槌《かなづち》で強く叩いた。

背中に当たる太陽の暖かさが、火鉢の煙の暖かさとひとつになった。一瞬、過去にタイムスリップしてしまったような気がした。時が止まってしまったようにも思えたが、そうではなく、同じ場所を永遠に回転しつづける環の中にわたしたちは閉じ込められてしまったのかもしれない。湿った茶色いトチノミに裂け目が入った。山下さんはそこから手際よく皮を剝き、中に入っていた黄色に光り輝くトチノミの粒を引き出して見せてくれた。

山下さんの義父はトチノミの皮剝きにトチヘシという別の道具を使っていたと言い、それも見せてくれた。木製の特大洗濯ばさみのようで、二枚の板を合わさる内側にトチノミを入れる穴がある。地面に置いて、その穴の部分にトチノミを入れ、下の板を足で抑えながら、上の板を静かに押し込むと、皮が剝ける。でも、石の上で金槌を振り下ろすほうがわたしは楽かな、と山下さんは話してくれた。

清水さんが皮を剝いたトチノミを一かけら渡してくれた。少量を口に入れた瞬間、強烈だけれども何とかがまんできる苦みが舌に広がった。そのあとすぐ、口の奥に刺激のある苦味がピリピリと貼りついた。

谷口真吾さんが電話で話してくれたことを思い出した。若い研究生だった頃に谷口さんは、トチノミは本当にみんなが言うほどひどいものなのだろうかと考えたという。なにしろ、トチノミは茶色くピカピカ輝いていて、とてもおいしそうに見える。ある日、

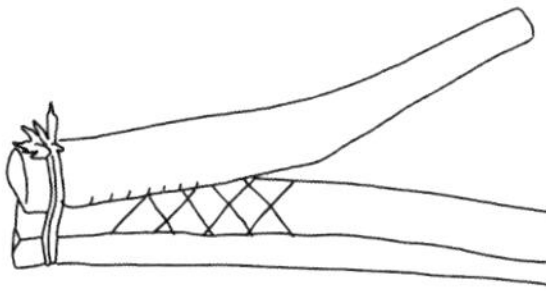

トチヘシ

谷口さんは森に出かけて、地面に落ちていたトチノミを一粒拾い上げると、皮を剥いてかじってみた。その瞬間、どうしようもないほどの苦さが口中に広がり、嘔吐が止まらなくなった。次の日もその次の日も体調不良で苦しんだ。石鹸を食べたようなものかもしれない[*17]、と谷口さんは話してくれた。トチノキはこうやって実を食い荒らされないように自らを守っているのだ。

　山下さんはトチノミの殻をすべて剥いて粒を出すと、その状態で三、四日間、湧き水に浸けておく。その水はトチノミから出てくるサポニンでずっと泡立っているという。そのあと、外に置いた大きな鉄鍋で半日煮詰めて、木灰《きばい》と混ぜあわせてから、そのどろどろした液体に浸けたままでひと晩置いておく。かなり大量の木灰が必要となるが、薪ストーブを使う家庭はほとんどなく、入手が困難だということだ（山下さんによると、トチ餅製造者たちは田舎に出かけてストーブの煙突が立っている家庭を探してまわり、ここだと思われる家を訪ねては木灰を分けてもらっている）。

　仕上げは、粒をすすいで木灰をきれいに洗い落とし、薄皮をはがして、数時間蒸す作業だ。そうしてようやく、蒸《ふ》かしたもち米と一緒に（もち米三に対して、灰汁抜きしたトチノミは一くらいでよい）搗いて餅にする。昔、土地をあまり持たない農家はトチノミの分量を大幅に増やして、乏しい米をなるべく使わずに済むようにしたという。そうやってできたトチノミが多く入った苦みの強いトチ餅は貧困の象徴となった。ところが、今日は逆の現象が見られる。トチノミの灰汁抜きは大変な労力がかかることから、トチノミがたくさん入ったトチ餅は恥ずかしいどころか、むしろ贅沢と思われるのだ。

　山下さんは本家の向かいの小さな台所に置かれた冷凍庫に、完全に灰汁抜きが済んで蒸すだけとなったトチノミの粒を一袋、保存している。そこから一粒取り出すと、わたしに食べてみるように勧めてくれた。苦みはほとんどなく、むしろ酸味が強くて舌の先がピリピリした。縄文人はこれほど刺激の強いトチノミを主食にしていたのだろうか。現代人であるわたしの舌は、トチノミをもち米に混ぜる農耕時代の味付けでないと受けつけないのかもしれない。だが、小松明美さんが言うには、舌にピリッと来るようであれば、トチノミがいい感じに灰汁抜きできている証拠で、おいしいトチ餅ができるのだ。

「まったく味がしなくなるまですっかり灰汁をとらないほうがいいのです」と小松さんはきっぱり言った。

その後、わたしたちは日なたに置いた腰かけに座って、木灰のこと、水温はどれくらいに保つかといったこと、トチ餅製造は経済的に割に合うかどうかといったことを話した。山下露子さんの答えは、かかる時間を考えればまったくに割に合わない、というものだった。

それなのに続けている理由は何かとたずねると、山下さんは話してくれた。

「わたしぐらいの歳の人でトチ餅の作り方を知っている人はいないから、伝統を伝えていきたいんです。すごく手間と時間をかけておいしく食べられるものができると、やっぱりうれしいです。いつも味がちょっと違うのもいいですね」

樹齢三〇〇年の老巨木に触れる

小松さんと清水さんとともに、山下露子さんのご自宅兼トチ餅工場に別れを告げ、さらに山の中に入った。集落はさらに少なくなり、日の当たらない針葉樹林が一層広がり、道端に廃屋が数軒目につくだけとなった。すると、今にも壊れそうだが確かに人が住んでいると思われる農家の前に車は停まった。木造のフェンスで囲まれた小さな前庭があり、道の反対側には田んぼがある。

ここは清水さんの家だった。清水美里さんは「巨木と水源の郷をまもる会」に加入してまもなく、トチノキをもっと知りたいと思い、この家を借りることにしたという。

家の裏にコンクリートを敷いたばかりの一角があった。清水さんはここにトチ餅工場を作りたいという。非常に現代的な発想だと思った。かつて村人たちは重要な食糧源であるトチノキを愛し、大事に守ってきた。だが、清水さんは環境保護の願いからトチノキを守りたいと思い、トチノキを愛するようになったのだ。縄文時代の人類が、あるいは二十世紀の昭和の人たちが、清水さんのようなロマンチックな気持ちに駆られたことがあっただろうか?

「今はトチノキがなくても問題なく生きていけます。でも、トチノキを育てる水があって、トチノキの木立が広がっている。これが朽木の文化です」と清水さんは話してくれた。「この自然とのつながりがなくなってしまうようであれば、なんだかさびしいです」

少し清水さんの家に上げていただき、目の前の水田で収穫した米で握ったおにぎりを食べさせてもらい、清水さんが保護している三本足の雌鹿にバナナを与えてから、ふたたび車に乗り込んだ。道のすぐ下の、スギの木立がまばらに広がり、曲がりくねって流れる小川近くの日なたに、車を停めた。小川の中の岩でごつごつとした砂洲に、相当な樹齢と思われるトチノキの巨木が一本、そそり立っていた。浅瀬を歩いてその巨木に向かった。トチノキは普通、小川の中ではなく、小川に近い場所に生えているが、小川はこのあたりで広く平らな川床をあちこち曲がりくねりながら流れていたので、この巨木は何年か水に浸かっていたと思われる。ほかのトチノキは何本か傾斜した土手に沿って伸びていた。

小松さんと清水さんは、山にはもっと大きなトチノキが何本か見られるが、まだ雪が深く積もっていてそこまで行けないと判断し、わたしをここに連れてきてくれたのだ。小川の中の砂洲に立つこの巨木は、小松さんたちの話だと、おそらく樹齢二〇〇年から三〇〇年になる。巨木はどこまでも野放図に伸び上がり、太く短い幹から何重にもねじれた枝木をあらゆる角度に広げている。まだ葉のない枝はざらざらしていて、ひどくみすぼらしく見える。

わたしは幹を深々とおおうシダやコケに両手を当てた。巨木は身寄りのないみじめな老人のように思えた。肌はひからび、歯は黄色くなって久しい老人であるが、その姿は今も堂々としている。周りにスギ林が広がる中では、トチノキの老巨木は異質に見えるが、米の餅に対してトチ餅がそうであるように、森に残された大事な遺産であることに変わりはない。

トチノキもトチノミも粗野で一筋縄ではいかないものがあるが、同時に、人の手が入った樹木にはまず見られない豊かな特色を備えている。悠久の時間が刻まれた老木の幹に体を預けながら、変わることなく不思議にも人を引きつけるトチノキの秘密はこれにほかならないと感じた。

トチ餅風「栗餅あげだし」

このレシピは、朽木にあるレストラン「はせ川」でいただいた料理を参考にして考案した（詳細は72ページ）。お店では搗きたてのトチ餅を使っていたが、日本以外ではまず手に入らないので、このレシピでは栗を混ぜた手作りの餅で代用した。ごつごつした歯触りやキツネ色をしているところは本物のトチ餅と似ているが、トチノミ特有のぴりっとした苦みが栗にはない。生栗を剝いて茹でるという下ごしらえが面倒な時は、市販の調理済み剝き栗でもいい。アメリカのアジア系スーパーではたいてい、パックに入って売られている（シロップに入った砂糖煮の栗と間違わないよう注意してほしい）。もち粉は日本食料品店で購入できる。揚げずにそのまま食べてもおいしい。

材料（4人分）

栗…（皮を剝いて茹でたもの）110グラム
水…60ミリリットルと小さじ2杯
もち粉…1合カップ（180ミリリットル）1杯と大さじ2杯
コーンスターチ…（打ち粉用）
大根…4分の1本
わけぎ…2本［アサツキ、小ネギでも代用できると思われる］
植物油…（揚げ油）
濃い目のだし汁…480ミリリットル
醤油…大さじ1杯
みりん…大さじ1杯
酒…大さじ1杯

作り方

1 栗をすり鉢か乳鉢に入れてすりつぶし、粉っぽいペースト状にする。量にしてカップ半分強ほど。

2 中くらいのボウルに水を入れる。そこにもち粉を少しずつ加え、ダマにならないよう注意しながら、硬めの生地になるまで混ぜる。ふたをして、電子レンジで3分加熱する。生地に透明感が出たかどうか確認し、まだであれば、10秒間ずつ様子を見ながらさらに加熱する。室温に置いて少し冷ましたら、すりつぶした栗のペーストを加え、均一に混ざるまでこねる。コーンスターチをふるったまな板に移し、上から手で押さえて1センチほどの厚さに丸く伸ばす。スケッパーかナイフで4つに分け、それをさらに3本に細く切る。

3 大根をおろし、わけぎを小口切りにしておく。深めの鍋に植物油を深さ3センチ分ほど入れ、中火で熱し始める。

4 だし汁、醤油、みりん、酒を小鍋に入れて煮立たせる。

5 油が170度になったら、餅を一度に数個ずつ入れ、膨らんでキツネ色になるまで2分ほど揚げる。餅を揚げ油に入れるときは、指で引っ張って平らにし、油に触れる部分を増やすこと。そうすると、からっと揚がる。

6 お椀を4つ用意し、温めた煮出し汁を分ける。揚げた細長い餅を3つずつ、お椀の側面に立てかけるようにして入れ、全体が煮出し汁に浸からないようにして盛りつける。大根おろしをスプーン1、2杯分載せ、小口切りにしたわけぎを散らす。熱いうちにいただく。

第3章

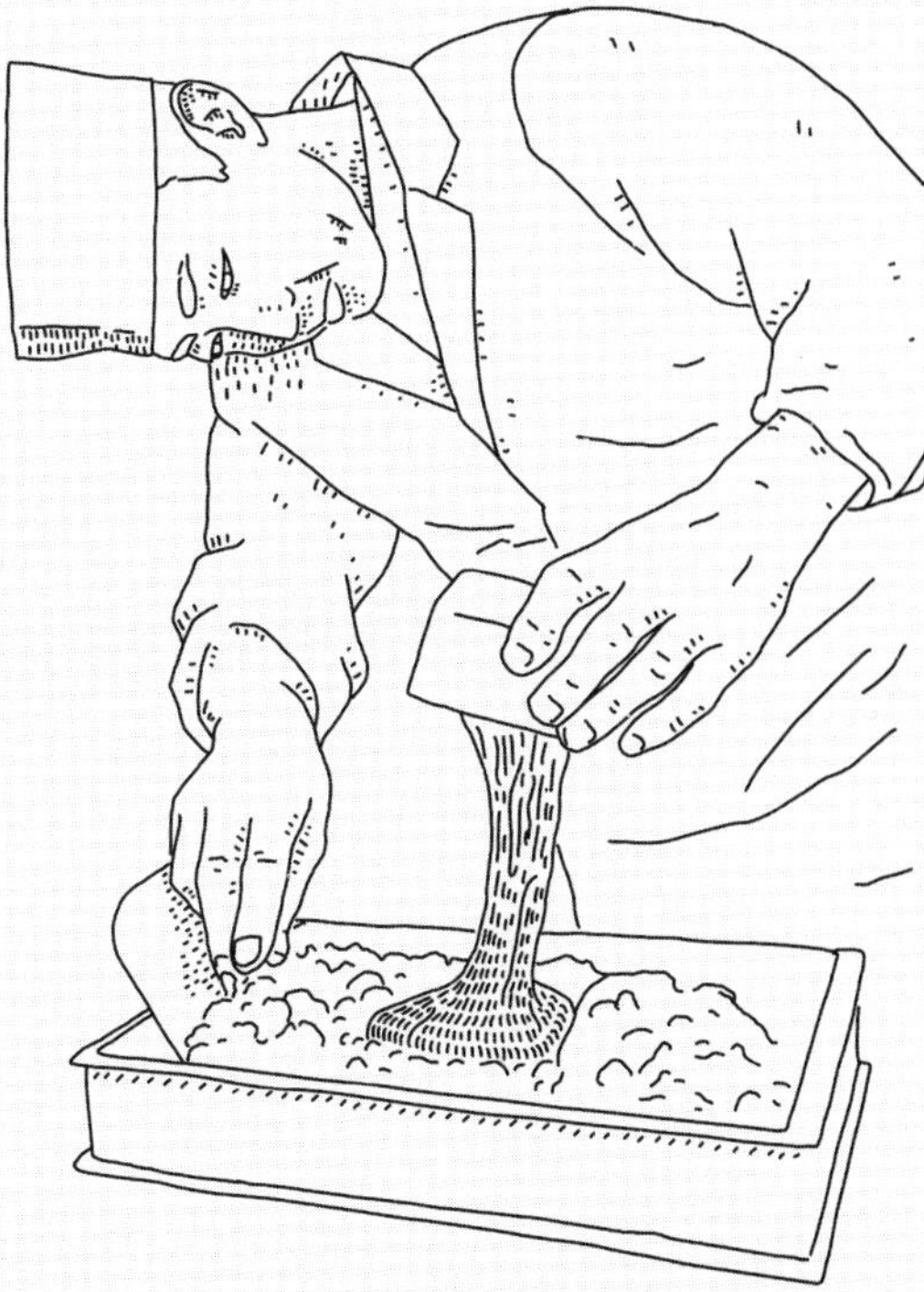

饗宴と飢饉

ワラビの二面性

石走る《いはばしる》垂水《たるみ》の上のさわらびの
萌え出づる春になりにけるかも*1

志貴皇子*2　『万葉集』巻八

岩手――中世から伝わるワラビ餅

たくましく勢力を広げるシダ植物のワラビ

岩手県西和賀町《にしわがまち》はワラビの名産地だ。山奥のこの町に暮らす住民の自慢はアスパラガスのように甘い地元産ワラビで、町のレストランはワラビ寿司を出し、温泉旅館はワラビ漬けをお土産品として販売している。菓子職人たちはワラビの地下茎や根を精製して磨き上げたデンプン「西わらびのねっ粉」で、室町時代の貴族も舌鼓を打ったというやわらかい枕のような「本わらび餅」を作り上げる。人口減少と経済、産業活動の縮小に苦しむ西和賀町の未来は、日本の地味なシダ植物、ワラビに託されていると言って過言でない。

世界基準で判断すれば、西和賀町はおかしな道を歩んでいるかもしれない。ワラビは言ってみれば植物界のゴキブリだ。どこにでも発生し、（渦巻き状若葉の信者は別として）みんなに嫌われ、根絶しようにも根絶できない。芽は細くて枝分かれし、三角の大葉には一枚一枚が革で縁取りされたような小葉が付いている。この大葉から数億もの胞子《ほうし》を送り出し、根茎《こんけい》を地中で水平に広げることで、静かにたくましく生き延び、気づけば地球上のほかのどの植物よりも支配力を拡大した。地球の極から極へ、海から山の頂上へ、日陰の森から日当たりのいい牧草地へ、勢力をどこまでも広げている。

あらゆる生物戦略兵器を駆使し、ワラビはこうして桁外れの成功を収めた。五五〇〇万年以上におよぶ進化の中で、たいていの病気に対する抵抗力を身につけ、よほどの寒さや暑さや強い風に見舞われない限り、生き延びられる状態にある。砂にも粘土にも根を広げ、酢がたっぷり浸み込んだ酸性の土壌であろうが、重曹を大量に含んだアルカリ性の土壌であろうが、たくましく成長する。成長を阻害する化学物質を地中に放ち、それに触れたほかの植物を腐らせて地中深くに沈める。劣悪なにおいの葉を茂らせて、近づこうとする動物たちをほぼ退ける。

西和賀わらび生産販売ネットワーク会長を務める湯沢正さんは記している。

「ワラビの祖先のシダ類は草食恐竜の主要な餌の一つだったといわれている。恐竜は絶滅したけれどワラビはしぶとく生き残って、今地球上のあらゆる所に繁茂している」[*3]

最悪な雑草か、貴重な贅沢品か

だが、一種類の植物がここまで繁殖するのは、まるで人間に疫病が蔓延するのを見るかのようだ。一九八五年、イギリスのリーズ市で開催されたワラビに関する学会に出席した科学者たちは、ワラビは「生物学上の汚染」であり、「ゆっくりと広がる緑の疫病」であり、「世界最悪の雑草の一種」であり、「災いの素《もと》」であるとした。牧草地に侵入して牛や羊を息絶えさせ、古代の遺跡を破壊する。ワラビの葉にはガンや脚気《かっけ》の原因となる毒素が含まれていて、家畜たちはこの病原菌で神経炎症や心不全を引き起こすこともある。多くの科学者はワラビが人間にも害をおよぼす可能性があると懸念する。

研究者たちは、日本ではワラビが広く消費されるから胃ガンと大腸ガンの発生率が高いと指摘し、アメリカで野草の採取を案内してまわる人たちにはワラビには触れないように常に注意をうながす。だが、言われるような害がワラビにあるかどうかは定かではない。ひとつには日本でよく見られるように、ワラビを木灰《きばい》やアルカリ性物質で灰汁《あく》抜きして調理すれば、発ガン性物質はほぼ除去できると思われるからだ。

西和賀町においてもワラビは複雑な歴史をたどってきた。かつて数世紀にわたり、山奥の集落では飢饉の際に飢えをしのぐ非常食として存在してきた。苦難と生命維持の手段、貧困とささやかな贅沢。ワラビはこのすべてを象徴する。こうして三月中旬の寒い朝、ワラビという複雑な食物に惹きつけられることになった。長い歴史において、なぜ一種類の植物がかくも相反する役割を担わされたのか、わたしは知りたかった。同時にひとつ認めなければならない。中世より伝わるワラビ餅を食べてみたかったのだ。

奥羽山脈に囲まれた豪雪地帯へ

西和賀町に入って最初に向かったのは、昭和六年（一九三一年）生まれ、わたしの来訪時は八十八歳だった小田島薫さんの家だ。小田島さんは農業と林業を営みながら、ワラビを町の名物に押し上げようと奮闘してきた。小田島さんのご自宅は西和賀町内のJRの駅から十五分ほどだったが、その三月の朝、狭い谷の斜面に立つ小田島さんの家に向かう道すがら、わたしは飼いならされた何ひとつ不自由のない世界から、山間部の深く荒れたくぼ地に放り込まれたように感じた。

そんなふうに思ったのは、車の外に広がる景色が薄汚れた春の雪でおおいつくされていたことも、岩が突き出す険しい丘が道の両側に広がっていたこともあったかもしれない。あるいは日本の東北地方の山奥に対するわたしの先入観も影響していたかもしれない……だが、雪が深く積もった小田島さんの家の前に車を停めて、こう思わずにはいられなかった。どうしてこんな場所に住もうと思う人がいるのだろう？　どうしてこの地で農業をしようと思うのだろう？　ここはどう見ても人が住む場所に思えない……。

その日の朝、無事に西和賀町に到着できたのは、愛想のいい町役場の職員ふたりのおかげだ。ともに名前が高橋さんで、どちらとも面識がなかった。ふたりとつながることができたのは、ジャーナリストがまるで土地勘のない人里離れた土地に行こうとする時によく取る手段によるものだ。東京の山菜マニアから西和賀町のことを聞いたわたしは、数か月前、ふたりの高橋さんが勤務する町役場に突然電話をかけた。電話に出た職員が転送したわたしの電話に気の毒にも対応することになったのが、高橋直幸さんだった。わたしがワラビに関心があると伝えると、どこに行って何を見たらいいか、すべてまとめて旅程を組んでくれたのである。それにしたがい、前の日は東北新幹線が停車する北上で一泊し、この日の朝、在来線で西に向かって西和賀町に到着したのだ。

在来線のJR北上線が山に向かって揺れながら進み出すと、わたしは緑色のビロードが張られた座席に深く体を沈めた。ビジネスホテル街からコンクリートで縁取られた水田に景色は変わり、つづいて雪で白くなった溪谷が見えてきた。トンネルをくぐるたびに、線路の両側に積もった雪の壁は高くなっていった。

その時は四国から戻ったばかりだったので、積雪を記録するかのように縞模様を描いている白い雪の壁が両側に聳《そび》え立つのを目にし、軽い衝撃を覚えた。岩手県が位置する東北地方は豪雪地帯として知られ、西和賀はその代表的な町だ。奥羽山脈に三方を囲まれるこの町は、毎冬九メートルを超える積雪がある。

天然植物の文化が栄える条件はすべて揃っている。栽培植物が播種され、冬の枯れ地に新芽を出す前に、自然の草木は厳寒の冬をたくましく生き抜く。春には野草が道端のあちこちに葉を広げ、店先は山菜であふれかえる。日本の天然食物を楽しむのにこれ以上の場所はない。

ガタゴトとゆっくり進む電車に揺られながら目を閉じ、東北についてほかに何を知っているだろうかと考えた。岩手を訪れたことはあるが、西和賀町は初めてだ。二〇一一年三月、東北地方は壊滅的な地震と津波に襲われ、岩手県も宮城、福島とともに最大の被害を受けた。

東日本大震災がこの国を襲った二〇一一年三月、わたしは長野在住のジャーナリストだったが、震災後の状況を報じているうちに、岩手の海沿いの地域についてくわしくなった。だが、岩手の内地を調査、報道することはなかった。よって、岩手の被災地以外の地域については、よく聞く以上のことをイメージすることはなかった。

……東北は日本内部の植民地だった（今もある程度はそう言える）。人里離れた貧しい地域で、天然資源が採掘され、過酷な労働に耐える人々が暮らしていた。古代には数世紀におよんで中央政権に抗《あらが》い、反乱を起こしていたため、クマ狩りをする野蛮で取り残された蝦夷《えみし》[*4]の国として知られるようになった。中央のイメージはともかく、東北地方の大部分は実際に、農業より狩猟や野草の採取に適していた……。

だが、どれももはや遠い過去のイメージだ。今は奇跡的な作物育種が実現したことで、東北地方は日本の米どころとして知られるようになった。極度な近代化の推進によって、都市の人々は「取り残された」ことを否定的ではなく、肯定的に受け止めるようになった。歴史家のネイスン・ホプソン[*5]が言うように、東北は「懐かしさ」の象徴になっているのだ。

「川を越えて森を抜けたところに建つおばあちゃんの家みたいなものです」とホープソンは電話で話してくれた。

だが、アメリカの海沿いに住むアメリカ人がアメリカの中西部をイメージするのと同じように、平均的な東京人にとって東北地方はあくまで「上空通過地域」[*6]に過ぎない。そこから食物は届けられるし、国の重要な場所ではあるが、実際に住もうと思う人は少ないかもしれない。

だが、わたしの目に入ってきたその「通過地域」は、いろんなものが交じりあった魅力的な地だった。西和賀町中央の商店街に向かっていくと山が開け、銅が剝き出しになった山肌と、水面が青緑色に染まったダム湖が見えてきた。

雪が積もらないように急勾配にした赤と青の屋根の小さな家を何軒か通り過ぎて、列車は木造の田舎風の駅[*7]に入った（あとでわかったことだが、駅には温泉があって、浴場内には次の発車時間がわかる信号が設置してあるそうだ）。

下車し、待合室にふたりの高橋さんの姿を探した。周りに人の姿はそれほどなく、パーカーを着てメガネをかけ、笑顔で手を振る若い男女二人組にすぐに気づいた。

高橋直幸さんと高橋千賀子《ちかこ》さんは自己紹介のあと、駅前に停めたバンにわたしを乗せて、西和賀町本屋敷の小田島薫さんの家に向かってくれた。

ワラビは長い冬にたくましく成長する

曲がりくねる山道を車で十五分行くと、小田島さんの家にたどり着いた。ドアをノックして、雑然とした居間に通され、卓袱台《ちゃぶだい》を囲んで腰をおろした。薪ストーブの煙くて乾いた暖かさにぬくぬくと包まれ、イチゴのショートケーキをいただきながら、小田島さんに昔の話をうかがった。

小田島さんは八十八歳には見えなかった。ゆったりと胡坐《あぐら》をかき、背中はまっすぐに伸びている。後ろに流した髪がふわふわカールした頭は子ガモを思わせる。顔はよく日焼けしていた。ふたりの高橋さんのどちらかが時々口を挟むことはあったが、小田島さんは（その話し方にわたしは強い訛《なま》りを感じたが）終始ほぼひとりで話しつづけた。

小田島さんが言うには、このあたりの谷では数百年にわたって、米やキビ、大豆、蕎麦が栽培されてきた。だが畑は小さいうえに、カロリーの高いものが必要だったので、野菜を栽培するスペースはほとんどなかった。代わりに、雪が解けた五月頃にはどの家も山に行って大量に生えているワラビとゼンマイを採ってきた。ワラビは長い冬のあいだ、特に昔からある大きなブナの森でたくましく成長した。雪に半年以上うずもれながら、根を地中深くに張り巡らして養分を吸い上げ、地上の生物がまだ眠りにある中、根茎は十分な養分を得て大きく広がったのだ。春の陽が落葉したままの枝に降り注ぎ、雪解けを迎える頃には、ワラビはすでに驚くほど繁殖していた。

小田島さんが住む西和賀町本屋敷《もとやしき》の辺りの人たちも、春の終わり頃になると、お昼前に山に入ってワラビの新芽を採取したという。ワラビはバイオリンの頭部装飾に似ているため、英語ではfiddlehead（フィドルの頭部）とも呼ばれるが、とてもそうは見えない。上に伸びた細い茎の先端は三つか五つほどに分かれ、それぞれ橙色の産毛が生えた胞子嚢《のう》（胞子をその中に形成する、くるっと丸まった袋状の塊）が無数についている。

富裕者、貧者を問わず大切にした歴史

言うまでもなく、ワラビは西和賀だけで食されてきたわけではない。日本の風景の至るところ

に見られるのみならず、この国のさまざまな食文化の記録に残っている植物だ。平安時代中期に成立した『源氏物語』（一〇〇一〜一〇一四年頃）によると、貴族も農民と同じようにワラビを好んでいた。『源氏物語』四十八「早蕨《さわらび》」では、父八の宮〔源氏の異母弟〕と姉大君《おおいぎみ》を亡くした中君《なかのきみ》の元に、父の法の師だった宇治山の阿闍梨《あじゃり》から例年通り、「蕨《わらび》」や「土筆《つくし》」が風流な籠に入れて届けられている。

そこには阿闍梨の次の文が添えられている。

君にとてあまたの春をつみしかば常を忘れぬはつわらびなり
（亡き宮にと　幾歳月も春ごとに　摘んでは献上した　なつかしの初蕨を　故宮の思い出とともに）[*8]

中君は阿闍梨の心遣いに涙を落して痛み入りつつ、次の歌を詠む。

この春はたれにか見せむなき人のかたみにつめる峰のさわらび
（誰もみな亡くなった　今年の淋しい春は　亡き父宮の形見にと　摘まれたこの山の早蕨　誰に見せればよいのやら）[*9]

ワラビの根茎を掘り出す

『源氏物語』に登場する中君のような世間から隔離された貴族の女性たちは、毎年贈られてくる春の象徴「早蕨」を目にして、愛しい人を失くしたことを思い出した。西和賀町本屋敷の男性にも女性にもワラビが象徴的な意味を持つことは明らかだが、この人たちにとってもっと重要だったのは、ワラビは生きるための食糧だったということだ。

日中、暖かくなると、小田島さんの家族は近所の人たちと一緒に斜面を上って雪が解けたばかりの場所を探し、背負ってきた籠《かご》に二〇キロから三〇キロものワラビを詰め込んだ。ワラビは森の中の開けた陽のあたる場所だけでなく、牧草地や、冬のあいだに村人が炭用の木を切り倒して橇《そり》で運び出した場所にも繁殖した。藁ぶき屋根の修繕や張り替えには新鮮な草を使うため、毎年早春には草地を燃やして新たな草が生えてくるのを待つ。その古い草地を燃やした黒い焦げ跡に、ワラビは特によく生えたのだ。

雪解け水と地中の養分をたっぷり吸った西和賀のワラビはとてもやわらかくまろやかなので、地元では木灰を入れて煮詰めて灰汁を取り、茹で野菜として食されることもよくあった。ほかの場所では、甘塩《あまじょ》っぱい煮物にすることが一般的だ。西和賀ではまた、どの家庭にも大きな木樽が二、

ワラビの根茎を掘り出す

三個あって、そこにワラビの茎と、ワラビの重量の三分の一相当の塩を交互に重ねて入れて重石《おもし》を載せ、保存していた。そうして一年中、野菜代わりに食していたのだ。

こうした食べ方をしていたのは、小田島さんが子供の頃、多くの銅山が操業していて西和賀町が栄えていた戦後のことだ。小田島さんの知らないそれ以前には、ワラビがほかの用途に使われた時代もあった。西和賀は慢性的な穀物の不作に長く悩まされてきた。耕作が可能な土地が不足していた上に、昔の穀物の品種は悪天候に弱いことや、豪雪地帯で夏が短く、たびたび冷夏に見舞われることなどが原因だ。米は特に天候に左右された。稲は暖かい天候での栽培が望ましく、気温が二十度を少し下まわれば、収穫は六割から半分に落ちてしまった。

以上の理由から、江戸時代に西和賀の住民がドングリやトチノミのほか、地中に広がったワラビの根茎から取れるデンプンで空腹を満たしたことは想像に難くない。ワラビは霜《しも》で地上の茎や葉が枯れはてたあと、秋に根茎が掘り起こされた。指の幅くらいの根茎は、水で土を洗い落としてから木槌《こづち》で叩く。繊維の塊と化した根茎からデンプンを抽出する方法のひとつはこうだ。叩かれた根茎を樽の中の水に入れて混ぜ、その水を丸太を繰り抜いて作った「ねぶね」と呼ばれるボート型のかいば桶《おけ》に流し込み、それを揺すって根茎の繊維を洗い出す。するとデンプンが沈殿するので、それをしばらく置いておくと、二層

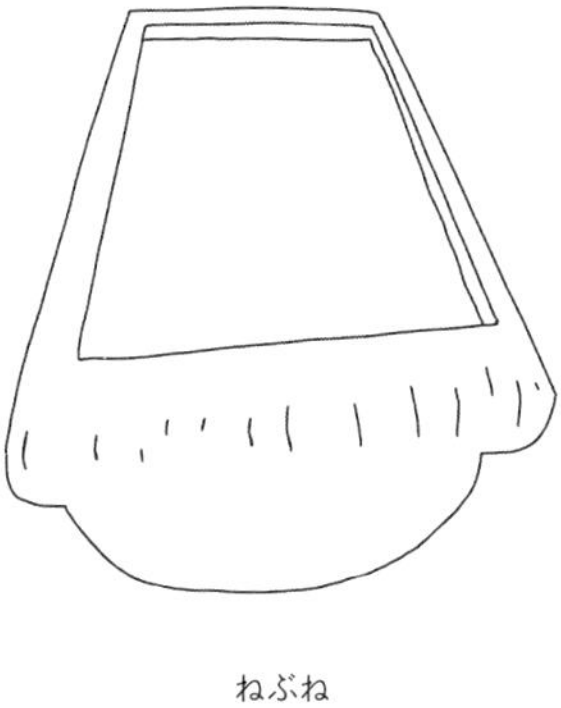

ねぶね

に分かれた塊ができる。下が「白ぱな」と呼ばれる白いデンプンで、上が「黒ぱな」あるいは「あも」と呼ばれるワラビのカスが混ざったデンプンだ。

またワラビの根茎から取れる繊維は、江戸城の生け垣を結ぶ黒い頑丈な糸に縒《よ》り上げられたという。

真っ白い「白ぱな」は町にとって貴重な生産物で、京都に送られた。江戸時代には、カビや虫に強い最高級の接着剤として、傘張りの内職をしていた侍たちに売られたのだ。文久三年（一八六三年）には一六〇〇升（七六一ガロン／三三〇〇リットル）もの「白ぱな」が萱峠《かやとうげ》＊10を越えていったと言われる（一六〇〇升が少ないと思われるのであれば、普通、ワラビの根茎の五パーセントしかデンプンとして抽出できないことを考えてほしい）。質の劣る「黒ぱな」あるいは「あも」と呼ばれるワラビのカスが残ったデンプンの上の部分は凶作時のために家に常備され、水や小豆、あるいは不良米などにあわせて味気のない粥《かゆ》にしたり、キビやソバやドングリとともに団子にして茹でたりした。ひとつ、デンプンのよい点は、白米と同じくらいカロリーが高いことだ。特に貧弱な土地しか持てない農民たちは、昨年の収穫を食べつくしたあとから、今年の収穫が手に入るまでのあいだ、この「黒ぱな」で随時飢えをしのいだ。だが、飢饉の際は——病気が人を選ばないのと同じように飢饉はあらゆるものに襲いかかった——ワラビは富裕者、貧民を問わず、あらゆる者の命綱となった。

沢内年代記

飢饉について何度も言及しているが、今のわたしたちの食卓には天気や気候変動などにはまるで左右されず、高カロリーの食べ物があふれているから、そのおそろしさを明確に認識するのはむずかしいかもしれない。そこで、ここで少し話は逸《そ》れるが、『沢内年代記』[*11]に触れてみたい。

この年代記は今の西和賀北部にあった集落の代表者たちが記したもので、同地で採れた農作物の作柄や起こった出来事が、延宝元年（一六七三年）から明治三十三年（一九〇〇年）まで、毎年記録されている。

『沢内年代記』はまず、西和賀の農業が恒常的にきびしい状況にあることを明らかにしている。最初に収穫についての言及があるのは延宝三年（一六七五年）、この年は「大凶作」に見舞われたようだ。その後、数年間は「中作」であったとして（作物の収穫高は中ぐらい、つまり、平年作であった〔貞享二年／一六八五年の記述〕）、収穫についての記述はそれほど見られない。

そして元禄二年（一六八九年）には、「この年不作」と記され、元禄三年（一六九〇年）には、「大飢饉にて御公儀様より御助米賜り」とある。元禄五年（一六九二年）には「四年の凶作にて民大きに労《ツカ》る」との記述が見られる。

元禄七年（一六九四年）には「此年上作」とある。『沢内年代記』が延宝元年（一六七三年）から書き記されて二十一年間、初めて見る「上作」だ。だが、次の年の元禄八年（一六九五年）は「大飢饉にて青絶田不残無成」（大飢饉で植物の成長は止まり、花も実もつかず、水田の収穫もない）とある。

さらに翌年元禄九年（一六九六年）は「青絶田無に成」（植物は育たず、米の収穫はなし）、「畑三分」（畑で栽培される雑穀の収穫は例年の三分の一）とある。また、「此年十五六より三十五六迄の男女仙台に行身を売り飢をしのぐもの少なからず」（十五、十六歳から、三十五、三十六歳までの男性は仙台藩に出稼ぎに行き、女性は同藩で身を売り、飢えをしのいだ）とある。

元禄十年（一六九七年）は「世の中半作に納る」（作物の収穫は例年の半分）とあり、元禄十一年（一六九八年）は「田畑半作」、元禄十二年（一六九九年）は「凶作」とある。そして元禄十四年（一七〇一年）は「大飢饉にて田無と成る。畑二分三分に附」（大飢饉で水田の収穫はなく、畑の収穫は二分から三分）、元禄十五年（一七〇二年）は「大飢饉にて田無と成。殊に塩高値にて御上様に願上塩拝借十五ヶ年賦にて返納」（大飢饉で米の収穫はない。特に塩が不足して値段が高くなり、お上様にお願いして塩を拝借し、十五ヶ年の年賦で返済することになった）、元禄十六年（一七〇三年）は「畑八歩田大凶作」（畑作は八分、田は大凶作）とあり、「飢えに及者数人」（餓死者が数人）とある。

この状況は明治三十年代（一八〇〇年代後半）までつづき、以後、ようやく凶作、不作といった記述はあまり見られなくなる。そして『沢内年代記』には、「根花（ワラビの根の澱粉）」を売ったり、あらゆる草木や木の実を食したりして飢えをしのいだという記述も時折見られる。[*12]

江戸時代はこの状況に加えて、二度の大飢饉が起こっている。江戸時代中期の天明二年（一七八二年）から天明八年（一七八八年）にかけて発生した天明の大飢饉と、江戸時代後期の天保四年（一八三三年）に始まって天保六年（一八三五年）から最大化し、天保十年（一八三九年）までつづいたとされる天保の大飢饉だ。天明の大飢饉は前の年から異常気象がつづくなか、天明三年に青森の岩木山が、さらには長野と群馬の国境にある浅間山が相次いで噴火し、各地に火山灰を降らせ、さらには成層圏に達した火山噴出物が陽光を遮《さえぎ》ったことで日射量が低下し、冷害をさらに悪化させて、農作物に壊滅的な被害が生じ、深刻な飢饉状態に陥った。天保の大飢饉は天保四年の大雨による洪水や冷害による大凶作が大きな原因となった。東北地方は天保の大飢饉でもっとも大きな被害を受けた。江戸のふたつの大飢饉でどれだけの人命が奪われたかを歴史家はつかんでいないが、積み上げられた人骨や、消滅した村を如実に語る記録を見れば、死者の数は甚大なものであろう、と人類学者のアラン・マクファーレン[*13]は記している。今日においても、コンラッド・トットマンは、これらふたつの大飢饉は日本における「社会的大惨事と共食いのイメージを喚起する」[*14]と記している。

ふたたび『沢内年代記』に戻る。天明の大飢饉については（当時の記録者がそれほど記さなかったからか、それともこの地域がさほど大きな被害を受けなかったからか定かではないが）奇妙なほど簡潔に記されている一方で、天保の大飢饉については詳細な報告がなされている。

天保四年（一八三三年）の記録を見ると、「凶作」とある。これ自体はいつものことであるが、その年の春から雨が降らなくなり、田植えができなかった農家もあった、とある。

> 此年春ヨリ秋迄気候不順。五月二日ヨリ同廿三日迄雨不降、東風吹大日照ニテ場所ニ依テ田植兼候者多分アル。其後同月廿四ヨリ雨降続ク。アブ、ハイモ不出、蝉モ不出。惣別虫類不出。夏中ニ一重物扇子ヲ用ユル事ナシ。

（この年の春から秋まで気候は不順。五月二日から二十三日まで雨が降らず、東風《こち》が吹き、ひどい日照りとなり、場所によっては（水不足で苗の生育悪く）田植えができなかった者が多かった。その後、五月二十四日から雨が降り続いた。アブもハエもセミも出なかった。ほとんど虫は出なかった。夏中、一重物（薄い夏着）も扇子も使うことはなかった）

『沢内年代記』（95～96ページ）

同年同日、さらにおそろしい記述が見られる。

極月より明年七月迄、落馬牛少も不捨、犬猫喰者数人有。巳十月より午七月迄飢死申者幾何万人か、数限り相知不レ申。親捨ニ子供一川に打込、山に捨、其身許り落行く者其数不レ知。昔治承《ジショウ》養和大飢饉、源平両家合戦ニ手折死人一度ニ合シテ見ルトテモ是ニハ争《イカ》で増ルべキ恐しかりける次第なり。

（十二月から翌年七月までに死んでしまった馬と牛は少しも捨てずに食べた。犬や猫を殺して食べる者も数人もいた。巳年（天保四年）の十月から翌午年（天保五年）七月までに飢え死にした人は何万人になるのか、数を知ることができない。親は子供を捨てて川に投げ込んだり、山に捨てたりして、自分だけどこかに行ってしまった者は数知れず。昔の治承養和の大飢饉（一一七七～一一八一年）と源平両家の戦争

で傷を負って死んだ人数を合わせても、とても比べものにはならないだろう。げに恐ろしい状況になったものだ[*15]）

『沢内年代記』（95ページ、カナ表記など原文ママ）

生き残った者たちは、ほかでもなく野草で命を食いつないだ。『沢内年代記』の同じく天保四年に、以下の記述がある。

七月ヨリ十一月迄テ雨不降、クゾ根ヲ堀リ、其カラヲ煎ハタキ、ハラノ伏ヲ煎ハタキ粉致シテ喰。其外様々ノ木ノ実、栃楢子、植木ノ葉、ガザノ葉マロユノ葉、アザミ等、惣シテ草木皆食ニ致シ、其類際限ナシ。暫ク命助り越年スル。

（七月から十一月まで雨が降らなかった。葛の根を掘り、根の殻を煎って叩き、同じく根の脹らみを煎って叩き、粉にして食べた。そのほかさまざまな木の実、栃、楢の実、木の葉、ガザの葉（アカザの葉か?）、マロコノ葉（オオバコの葉か?）、アザミなど、どんな草木もすべて食料にした。その種類は限りなく、ようやく命が助かり、年が越せた）

『沢内年代記』（97ページ、カナ表記など原文ママ）

正二月ヨリ雪ヲ堀リ去リ根クゾヤミヅノ根ヲ堀リ、松ノ皮ヲハキ取テ搗テ喰。雪消次第ニ山川エ毎日入込ミ、草木根皮取集拵テ喰助リ命相続スル。田畑仕付兼ヌル者多シ。五月節句スギヨリ田植ニテ六月十五日迄田植有リ。田モ打チカギセヌニテ植ルモノ多シ。其後稗田植、土用スキ迄有。乍去植テヨリ十日頃ニテ穂出ル。

（年明けて二月から雪を掘って葛の根を掘り、ミズ（ウワバミソウ）の根を掘り、松の皮を剥ぎ取って調理して食べる。雪が溶けるのを待って、毎日山や川に入って草木の根や皮を採取して食べて命をつないでいる。（体が弱り）田畑の耕作ができない者も少なくない。五月の節句過ぎから田植えが始まり、六月十五日まで続いた。だが田を耕さず、田播き（代播《しろか》きとも。田への水入れの前に土を均等にならすこと）もしないで稲を植える者が多かった。その後、稗田植え（痩地でも育つ稗《ひえ》は救荒《きゅうこう》作物の主流）が立夏過ぎまでつづいた。粗雑な植え方ではあったが、植えてから十日頃に穂が出た）[*16]

『沢内年代記』（98ページ、カナ表記など原文ママ）

こうしてこの人たちは生き延びて、七月には畑に実った「早黍」（トウモロコシ）を食すことができたと記録にある（殊ニ早黍七月七日頃ヨリ喰フ〔『沢内年代記』98ページ〕）。

だが、ふたたび天保七年（一八三六年）から野草に頼らざるを得なくなる。

上杉鷹山と食の手引書『かてもの』

『沢内年代記』に記されたような状況が、江戸時代の東北地方全域に見られたわけであるが、ある藩だけは聡明な藩主が全藩民に野草が行き渡るよう取り計らったことで、大飢饉の悲劇から逃れられたという。

天明の大飢饉に見舞われた際、米沢藩九代藩主、上杉鷹山《ようざん》（治憲《はるのり》）は新潟や酒田のほかの領から米一万俵を買い上げ、領民に分け与えた。この政策により、米沢藩は天明の大飢餓においてひとりの餓死者も出さずにすんだと言われる。

鷹山のこの行動は、のちに明らかにした君主としての心得「伝国の辞」（国家は人民のために存在するものにほかならないという思想[*17]）を体現したものだ。

だが、飢えた領民たちの中には味見もしたこともない野草に手を出し、体を壊す者もすでに出ていた。他領から買い上げた米を領民に分け与えたことで藩財政は大きな打撃を受け、鷹山が思い描く経済改革は暗礁に乗り上げてしまうかと思われた。

何か別の策を打たねばならない。

天明三年（一七八三年）、天明の大飢饉のさなか、上杉鷹山は藩政の重臣である莅戸善政《のぞきよしまさ》に、日頃から主食の食い延ばしをはかれるよう、穀物と混ぜるかその代用品として食用に用いることができる草木の調査を命じた。そして莅戸善政は十四名の藩医とともに、米の代用食になる植物をまとめた冊子『飯粮集《はんろうしゅう》』をその年に刊行した。そこには一二七種の植物と、それぞれの調理法が記載されている。自生するもののほかに、野菜や果樹などの栽培植物も含まれている。

莅戸善政は天明の大飢饉後も、日頃から代用食となる動植物の調査、研究が必要と考え、藩の侍医だった矢尾板栄雪らに食用となる動植物の研究を命じた。そして、自ら飢餓救済の手引書を執筆し、代用食にできる草木果実の八十種類の特徴とその調理法のほか、食料の保存法や備蓄する味噌の製造法、さらには魚や肉の調理法についても解説した手引書をまとめ上げた。こうして享和二年(一八〇二年)、『かてもの』と命名された手引書が刊行され、一五七五部が藩内を中心に配布された。

上杉鷹山や莅戸善政の没後である天保三年(一八三二年)は天明以来の大凶作となり、翌年には天保の大飢饉に見舞われるが、米沢藩は鷹山と善政が残した『かてもの』のおかげで餓死者をひとりも出すことはなかったと伝えられる(それ以外の緊急食の保持も不可欠であった)[*18]。

これにより『かてもの』は、「飢饉を生き抜く草木の手引書」として江戸時代に広まることになった。今日この国に流通する食用植物ガイドにも、『かてもの』に収録された草木が多く含まれている。だが、『かてもの』は草木を安全に食することを促しただけはない。草木が飢饉を生き抜くために不可欠な食材になると世に強く印象づけたのだ。

『沢内年代記』や『かてもの』の調査を進めながら、気づけばわたしはこう考えていた。西和賀の昔の人たちは自分たちの命を救う草木に対してどう感じているか、と。

ワラビの瑞々しい新芽は、春の到来と永遠に繰り返される生命の循環に対する素朴な喜びをかき立てただろうか? 経験したこともない冷夏でも収穫をもたらしてくれた大地に感謝の気持ちを示しただろうか？　あるいは、ワラビの葉は無情な空に向かって突き上げた怒りの拳のようなもので、凶作時の艱難辛苦を思い起こさせるだけであったか？『沢内年代記』や『かてもの』にその答えは見出せなかった。

銅山の町として栄えた西和賀

小田島さんも、わたしの疑問に答えてくれなかった。小田島さんも小田島さんの年下の兄弟姉妹七人も、ワラビの根茎を煮込んだ粥を食したことはないという。小田島さんたちは裕福な時代に育ち、もはやワラビを食べる必要がなかったのだ。西和賀は明治末から大正にかけて銅鉱が採掘され[*19]、銅の町として栄えた。明治、大正、昭和にかけて（十九世紀から二十世紀）、西和賀には五十以上の銅山が開かれ、人口六〇〇〇人の静かな町は二万人を抱える産業都市に発展した。

小田島さんが子供だった頃、自宅近くの道には店や学校のほか、銅山労働者の宿舎がいくつも見られたという。銅山事業の収益は東京や大阪の大企業に流れたが、それでも地元の誰もが銅山の恩恵に与《あずか》った。鉄道が開通し、北上の病院に短時間で通えるようになった。山間の村ではほとんど夢に等しかった電気も使えるようになった。政府の補助金に頼りきりだった村が税収を得られるまでになった。そして何と言っても鉱山の仕事がある。非常につらくきびしく危険なものだったが、地域の鉱山労働者はこれ以上望めない高給を手にすることができた。西和賀の鉱山は中小規模のものがほとんどだったが、高山にあるにもかかわらず、岩手県内の九割を超える銅を産出したのだ。

目の前にいる小田島薫さんは、この大規模な銅の発掘作業を前向きにとらえていたのだろうか？　日本のほかの地域でも、初期の銅の発掘作業によって、周囲の環境と人々の生活に甚大な被害がもたらされていたのだ。たとえば、明治時代初期には足尾銅山から有害物質が流れ出し、栃木県と群馬県の渡良瀬川流域に著しい影響を及ぼした。この日本初の公害事件は、明治、大正時代の環境運動に火をつけた。

「足尾は一部の日本人に文明を創造した。だが、それ以外の者たちの世界を破壊した」と環境史を研究するブレット・ウォーカー[*20]は記している[*21]。

西和賀の鉱山も大事なものを破壊したのだろうか？　のちにわたしは知ったが、町のあるグループが一九七六年に閉鎖された四か所の鉱山の跡地で水を採取して計測したところ、政府が定める安全基準よりも十八倍高い銅、十五倍高い亜鉛、二十四倍高いカドミウムがそれぞれ検出された。その人たちはその結果を県に突きつけて汚染に対処するよう求めた。だが、これが県民の健康に現実に害をおよぼしたという明確な事実をわたしは見出すことはできなかった[*22]。

「野草」を畑で栽培して売り出す

いずれにしろ、小田島薫さんは銅山の鉱夫にはなりたくなかった。あれから何十年も経っているはずだが、小田島さんは変わらず陽気に思えたし、西和賀町役場のふたりの高橋さんの前で目をキラキラ輝かせて茶目っ気たっぷりに話す小田島さんを、気づけばわたしも同じように目を輝かせて見つめていた。小田島さんが若い頃、暗い鉱山に閉じ込められて一生銅を掘って過ごすような人生は送りたくないと思ったことは想像に難くない。だから小田島さんは上京して営林署に就職した。その後、西和賀の支部に異動となり、政府の指示通りにブナの原生林の開墾およびスギやヒノキへの植え替え作業が行われているかを監督しながら、小田島家先祖代々の森を世話してまわった。

「森が元に戻るとしても、五〇〇年はかかる」と小田島さんはご自宅の居間で話してくれた。

その声には後悔の念が交じっていたが、当時は何も考えていなかったよ、と話してくれた。山菜にはほとんど関心がなかったし、昔行われていたことや村の景色に注意を留めることはなかったという。

小田島さんは平成三年（一九九一年）に営林署を六十歳で定年退職したが、西和賀町の人口はすでに減少の一途をたどっており、ついに江戸時代と同じ規模に戻ってしまった。銅山は閉鎖され、若い人たちは都会に流れ、残された年配層は山にあるもので生計を立てる方法を新たに捻出する必要に迫られた。この国の山間部にある非常に多くの町村でよく見られるとおり、再開発は西和賀町でも逆の結果をもたらした。無計画に推進され、農作地や民家を破壊しただけに終わったのだ。先祖が本屋敷に切り開いた生き生きした土地は、民家が二軒しか存在しない幽霊集落と化した。

そんなときに小田島さんはあることを思いついた。西和賀の名物といえる野草を畑で栽培して売り出したらどうだろう？　計画はふたつの理由から理にかなっている。

　第一に、米の過剰生産に歯止めをかけようとする政府により、減反政策が取られていた。[*23]つまり、ほかの農作物を栽培すれば補助金が出されるわけだ。第二に、農家の人たちは高齢化し、険しい山々に登って食用となる草木を摘んでくることが困難になっていた。米に代わる新しい農作物を栽培すれば政府から補助金が支給される上に、山菜を苦労して山から採取せずに畑で栽培して売り出すことができるのだ。小田島さんはまず、ゼンマイとワラビをもっとも効率的に栽培する方法を考え出そうとした。

　幸いなことに、町長がそれを支持した。小田島さんの試みは町民にも広がり、山菜栽培はたちまち西和賀町再生計画の中心を担うことになった。平成七年（一九九五年）に町の農林課などとともに山菜栽培を研究する「ゼンマイ研究会」が発足すると、会員は一四〇人にも膨れ上がった。「ゼンマイ研究会」の会長も務める小田島さんによれば、同会は「西和賀町でもっとも活気あふれる組織」だ。何世紀ものあいだに幾度となく起こってきた野草の採取と栽培の境界線がふたたび変化することとなった。

狩猟と農耕はどちらがよりよく、安全だったのか

　ここで小田島さんは話を終え、写真を何枚か撮るためにわたしたちを外に連れ出した。家の前の私道で談笑していると、小田島さんが、裏の畑を耕していると、時々面白いものが出てくるん

だ、と言い出した。そしておもむろに車庫に入っていき、緑色のポリバケツを持って戻ってくると、コンクリートの上に置いた。中をのぞき込んだところ、矢じりや石器、そして表面に縄文が施文された橙色の土器のかけらが、カモシカの角と一緒に入っていた。カモシカの角はともかく、バケツの中のものは何千年も前の縄文時代からこの地で人々が暮らしていた証しだ。実際、西和賀町の別の場所からも古代の遺物が出土しており、この地域には旧石器時代から人類が生活していたと考えられている。

思いもよらない宝物が入ったバケツの前にかがみ込んでいると、ここに到着した時にわたしの頭に浮かんだ疑問が知らぬ間に口をついて出ていた。

どうして古代の人は環境がこれほどきびしいこの地に居を定めたのでしょう？　五月に冬が明けたかと思うと、十月にまた寒さが訪れるような地ではありませんか。

この疑問に答えてくれたのは確か千賀子さんだったと思う。

狩猟採集社会にとっては、限りなく理想的な環境だったからです。なにしろ、山にはたくさんのクマや小さな動物たちがいて、狩りができました。小川には何も流れをせき止めるものがなく、海から鱒《ます》や鮭《さけ》、鰻《うなぎ》が遡上してきました。森では野草や木の実をいくらでも採取できました。農耕が始まるまでここは、古代人にとって最高の生活環境だったのです。

すぐに、千賀子さんの言うとおりだと思った。それとも、現状に不満を抱えた多くの現代人の常で、わたしたちは農耕が始まる前の大昔を美化しすぎているのだろうか？　なるほど、狩猟採集社会では自然災害や大きな気候変動のあと、しばしば飢饉に見舞われてきたし[*24]、山や森で草木を採取する者たちは生き延びるためのありとあらゆる知識と技術が求められた。だが、農耕は飢饉を日常的なものにした。それは先ほどかなりのページを割いて紹介した『沢内年代記』に記された苦しみに満ちた記述を見れば火を見るより明らかだ。西和賀からそれほど離れていない雪の多い北海道の地では、日本の先住民アイヌ民族が違う道を選び、東北の古代人よりもはるかに長く狩猟採集社会を維持したのだ。

ひとつには、豪雪地帯の岩手の農民はアイヌ民族とは対照的な選択を強いられたことがある。岩手では、小作人は地主に米で年貢を納めるように求められた。そのため、当時はどんなに不合理であろうと、地主から田畑を借りて耕作し、小作料を支払わなければならなかったのだ。だが、そこには疑いなく別の要素も影を落としていた。農耕中心の生活は予想が立てやすかったし、おそらく栽培野菜は採取した草木より味がいいということもあっただろう。

はたしてどちらの生活が「よりよく」、安全であったか?

東北の取材旅行を終えるまで、わたしの頭にはこの疑問が引っ掛かっていたし、おそらく答えを出せることはなかったろう。

ワラビは貧しさの象徴か？　高貴な食べ物か？

本物のワラビ餅

ふたたびふたりの高橋さんと車に乗り込んで小田島さんの家を離れ、曲がりくねった山道を下り、青緑色のダム湖にかかった橋を渡って町の中心街に出た。今度は、大昔から作られてきたワラビ餅という、とてもおいしいお菓子の主材料であるワラビ粉について教えてもらえる。

車は高橋忍さん（西和賀の町役場のふたりの高橋さんの親戚ではない）が経営する「お菓子処たかはし」に向かった。高橋さんもほかの職人とともに、西和賀特産「西わらび」の根から精製した本ワラビ粉で冷蔵「西わらび餅」を製造している。

ちなみに、最近はどこのスーパーやコンビニエンス・ストアでも、ワラビ餅と称されたお菓子が数百円の値段で販売されている。ぷくぷく透き通った餅は丸や四角にカットされている。それが発砲スチロールのトレイに載せられ、小袋に入ったきな粉と黒蜜、餅を刺すプラスチックの楊《よう》枝《じ》入りでパッキングされているのだ。味はそれほど悪くないし、蒸し暑い日に食べるとなかなかおいしい。だが、お菓子処たかはしの「西わらび餅」とは原料も志《こころざし》もまるで違う。そもそもスーパーで売られているワラビ餅は大量生産されたもので、ワラビのデンプンを原料に作られているわけではないと思う。容易に手に入る安価なサツマイモのデンプンで作ったものをワラビ餅と称して販売しても消費者保護法に抵触することはないから、どの製造会社も似たようなことをしているはずだ。だが、本物のワラビ餅は大体作られてから三十分以内に食べないと風味がそがれてしまう、非常に繊細な菓子なのだ。

京都で本物のワラビのデンプンを使ったワラビ餅を出す菓子処はわずかしかなく、興味本位でワラビ餅を食べようとする客がありつけることはまずない。西和賀のワラビ餅店も、これに倣《なら》おうとしている。

高橋直幸さんが運転するバンは中央商店街の狭く曲がりくねった道を進み、「お菓子処たかはし」と書かれた木製看板が壁に掲げられた小さな店の前で止まった。中に入ると、店内いっぱいに置かれた大きなピカピカの陳列ケースのうしろから、高橋忍さんがやさしそうな笑顔で迎えてくれた。

真白い和帽子をかぶり、白衣の上に膝丈の前掛けを細い腰に巻いた高橋さんは、まるで京都かパリの名店のパティシエを思わせる優雅なたたずまいだ。さっとお辞儀をした高橋さんにつづき、わたしたちは陳列ケースの後ろの狭いスペースを通って、同じく小さな調理場に足を踏み入れた。調理場の入口にかけられた藍の暖簾《のれん》をくぐると、焼かれたバターのおいしそうな香りが漂ってきた。

「フィナンシェが焼きあがったところなんです」と高橋忍さんは言うと、わたしたちに小さな金色のフランス焼き菓子をひとつずつ差し出してくれた。

甘く濃厚なフィナンシェにしばし言葉を失った。これから作り方を披露してくれるワラビ餅よりずっとなじみがあり、ほっとする味だ。フィナンシェもお店自慢の商品なのだという。忍さんは一九六〇年代に西和賀で少年時代を過ごし、自身が生まれる直前に店を開いた両親のもとで伝統的な和菓子作りを学んだ。だが、和菓子だけでなくフランス菓子も専門に学んでおり、両親から店を受け継いだ後はどちらの菓子も出している。

忍さんが打ち出しの銅鍋を棚からおろして調理台の薄型コンロの脇に置いている間に、わたしは調理場を見渡した。どこも鏡のようにピカピカに磨かれていて、仕事道具が積み重ねられたり、壁に吊るされたりしている。銅やステンレスのボウル、菓子を載せる木製の盆、昔懐かしい大きなミキサー、鋏《はさみ》、ふるい、木製の塗り刷毛《はけ》、こぼれた小麦粉を掃く手箒《てぼうき》。快適で心落ち着く雰囲気が漂っている。どれもが効率的な菓子作りに必要で、むだなものはひとつもない。

ワラビ餅の作り方はとても簡単で、昔の飢饉時の粥の炊き方とさほど変わらない。基本的には、ワラビ粉に砂糖と水を混ぜてどろっとするまで煮込む。それを一口サイズに切ったりちぎったりして食べればいいのだ。砂糖と水をそれぞれ別のボウルに入れながら、平安時代の皇族や貴族はワラビ餅を食べていました、と忍さんは誇らしげに話してくれた。

厳密に言えば、忍さんの主張には少し無理があるかもしれない。平安時代の皇族がワラビ餅を食していたのは確かと思われる。だが歴史に残る最古の記録は、平安時代が終わっておよそ四五〇年後の江戸時代、寛永十九年（一六四二年）に演じられた狂言『岡大夫《おかたゆう》』に確認できるだけだ。

狂言『岡大夫』では、いささか頭の鈍い婿《むこ》が舅《しゅうと》の家で岡大夫の別名を持つワラビ餅なるものを出され、初めて食してみる。あまりにおいしく、婿はぺろりと平らげてしまう。

婿は帰宅して嫁に舅に出してもらったおいしい餅を作ってもらおうとするが、婿はその餅の名を忘れてしまっている。やっと朗詠（『和漢朗詠集』）に出てくる名だと思い出し、嫁に漢詩を次々に朗詠させるが、なかなか出てこない。いらいらした婿は嫁と喧嘩になるが、そこで嫁が、

紫塵《しじん》のわかき蕨《わらび》は人手をにぎり
碧玉《へきぎょく》の寒き蘆《あし》は錐嚢《きりふくろ》を脱す

という歌を思い出して、それじゃ、岡大夫とはワラビ餅のことじゃ、と婿は言って、嫁と仲直りする。

醍醐天皇がワラビ餅を大の好物としており、ワラビ餅に大夫《たゆう》（五位）の名「岡大夫」を与えたと言われる。また古代中国で殷《いん》から周へと王朝が変わるにあたり、大夫の伯夷《はくい》と叔斉《しゅくせい》が周の粟《あわ》を食べるのを恥じ、「岡」に隠れ、ワラビを食べたという故事に由来する、という説もある。

寛永二十年（一六四三年）年に成立したとされる料理本の嚆矢『料理物語』には、ワラビ餅の材料について「蕨の粉一升に水一升六、七合」*25と記されている。

それにさかのぼること一世紀、室町時代の連歌作者、宗牧《そうぼく》（?〜一五四五年）は、ある日、日坂《にっさか》

（東海道五十三次の二十五番目の宿場。現在の静岡県掛川市日坂に当たる）の茶屋で休憩を取った際、そこで出された名物のワラビ餅の美味に感動し、歌を詠んでいる。[*26]

年たけて又食《く》ふべしと思ひきや
蕨餅も命なりけり

これは天文十四年（一五四五年）に成った、宗牧の『東国紀行』に見ることができる。宗牧の歌は西行の和歌を基にしたと思われる。

年たけて又超《こ》ゆべしと思ひきや
命なりけり小夜《さよ》の中山

（『新古今和歌集』羇旅歌）

十六世紀末から御所御用を勤めている菓子屋に、とらやがある。後陽成天皇の御在位中（一五八六～一六一一年）より、御所の御用を勤めていた。とらやはワラビ餅（岡大夫）に関して、江戸時代、安永三年（一七七四年）公家の近衛内前《このえうちさき》公より「岡大夫」という名前を頂戴し、納めたという記録が残されている。この記録に、近衛家から「蕨粉」を頂いたことも書かれている。[*27]

言葉にできない歯ごたえ

東北山中の小さな調理場で、高橋忍さんは白い粉が入った小さなビニールの袋を開けた。これが天然のワラビ粉だ。忍さんは、この本ワラビ粉を西和賀の農家から一キロ三万円くらいで買っている。九州ならデンプンの生産がはるかに盛んで、一キロあたり一万円ほど安く手に入る。さらに忍さんは絶対買わないが、中国産は一キロ五〇〇〇円以下で買えるという。

忍さんが天然デンプンを鍋に移して水を注ぎ、手で混ぜあわせると、白くて薄い液体になった。つづいて白砂糖を一カップ注ぎ込んで鍋に火をつけ、木篦《きべら》でかき混ぜる。手を動かしながら忍さんは、ワラビ粉は日本の菓子で使われる粉の中でももっとも値が張ります、と話してくれた。葛粉《くず》はマメ科のつる性多年草の葛の根から得られるデンプンを精製したもので、ワラビ粉ほどではないがやはり高額で、一キロあたり五〇〇〇円する。一方、コーンスターチ、片栗粉（葛粉の使用量を減らすために使われる）、甘藷《かんしょ》デンプン（低額なのでワラビ粉の代わりに使われることもある）などは、一キロ四〇〇〇円ほどだ。

「ワラビ粉は何が違うのでしょう？　どうして値が張るのでしょうか？」と高橋忍さんにたずねた。

忍さんは一瞬考え込んだ。

「味が違いますか？」とわたしはさらにたずねた。

「いえ、それはないですね。ワラビ粉には基本的に味はついていないですから」と高橋さんは言った。

「では、歯ごたえがある？」

「うん、確かにそれはあるかもしれません。ワラビの根はやわらかくてむちむちしていますからね」と忍さんは言ったが、また黙り込んだ。

「ほかには？」

「あまり取れないということはあるでしょうね」

それだ。古くから伝わる貴重なワラビ粉を使うために、一キロ四〇〇〇円で買えるものを三万円も払うのだ。忍さんにとって、西和賀の歴史を伝える西和賀産のワラビ粉を使うのは決して譲れない、価値あることでもあるのだ。

火にかけて一、二分かき混ぜていると、鍋の中身がドロッとしてきて、まさに餅のようにむちむちしてきた。半透明でやや黄色みがかり（九州産のワラビ粉はそうではなく、グレーか黒に染まるのだそうだ）、それらしくなってきた。B級映画に出てくるエイリアンの胎児を包み込む膜のようにも見え、忍さんも愛情をこめて「スライム」と呼んでいた。確かにそのとおりで、接着剤やホウ砂《しゃ》やデンプンを水に浸したものを混ぜ合わせて作った、アメリカの子供たちがすごく喜ぶあのねばねばした物質を思わせた。

なおも鍋を火でコトコトさせながら、空気を含ませるようにさらに強くかき混ぜた。鍋の中身は非常にベタベタしてきて、篦《へら》を上げると、小さな水泡がポツポツとついた薄い膜が上に広がった。それから鍋を薄型コンロからおろし、中身を小さなセラミックプレートに移して数分間冷ます。そのあいだ、それよりいくぶん大きな皿に薄茶色のきな粉をどさっと出した。炒り大豆のにおいが食欲をそそる。

「本ワラビ粉で作る餅は、作り置きできないんです」と高橋忍さんはきな粉を皿の上にピラミッド型の山のように積み上げながら言った。

三十分もすると、魔法のようなふわりとしたやわらかさが消えてしまうのだという。京都ででできたてのワラビ餅を出すごく何店かは、お客に待ってもらっているあいだに氷水で冷やして少し硬くして、きな粉や黒蜜を添えて出す。だが、忍さんは温かくやわらかいうちに食べてもらいたいようだ。

「何かほかの風味をつけてみるようなことはしましたか?」とわたしはたずねながら、イチゴ大福や抹茶の餅、コーヒーやグアバ風味と、果てしなく種類が増える餅を思い浮かべた。

忍さんは一瞬、ぞっとしたような表情を浮かべて言った。

「もったいないです!」と忍さんは大きな声を上げた。

お菓子処たかはしで販売しているのは、平安時代に京都の皇族たちが食していたのと同じ、きな粉のしっとりとした粉に包まれたワラビ餅だけだ。遠方から注文があれば、冷凍して送り届けている。

忍さんは少し冷ました餅を先ほど用意したきな粉のピラミッドの山の中に入れた。その中で餅をおもむろにちぎり、丸くふっくらした円盤をいくつか作り上げた。そのうちのふたつを貝殻のような波状の縁取りがされた栗色の皿に載せて、試食してみてくださいとわたしに差し出した。

わたしはゆっくりと噛んでみた。

ああ、この歯ごたえをうまく表現する言葉が見つからない。味はシンプルだ。甘味は抑えられ、大豆粉特有の乾いた、ごくかすかな苦みが効いている。だが、この歯ごたえは……。

わたしがどう言ったらいいかと頭を悩ませていると、忍さんが話してくれた。最近、ある料理雑誌の編集者が取材に訪れてワラビ餅を試食したところ、「言葉にできない歯ごたえです」と表現したという。以来、忍さんはこの言い方を年に二度か三度に限り口にするという。あまりにもやわかいからゴムのような感じとはかけ離れている。アメリカ発祥のゼリーともまるで違うし、寒天はもっと硬い。この歯ごたえを形容するいちばんいい言葉は「やさしい」ではないか、とそこで思った。餅のほっとするような甘み、温かさ、そしてやさしい歯ごたえ。「言葉にできない歯ごたえ」が何であれ、不思議な魅力を放っている。おそらく二度とふたたび味わうことのできない古代から伝わるこのめずらしい餅を、もうひとつ口にしたくなった。

狩猟採集社会のロマンと、滅多に味わえない本ワラビ粉

あるいは、ここに来る前に小田島薫さんの家で聞かされた狩猟採集社会のロマンに魅了されたのと同じように、わたしは滅多に味わうことのできない本ワラビ粉の虜《とりこ》にでもなってしまったのだろうか？　狩猟採集社会のロマンと、滅多に味わうことのできない本ワラビ粉。このふたつのキーワードはどうつながり合っていただろうか？　ここ西和賀に来たのは、どのようにしてワラ

ビが贅沢と貧しさの象徴になったたか、その謎を解決するためだった。高橋忍さんの調理場に立ち、ありがたいものとして美化されたワラビ餅を食べさせてもらった後、わたしが出すに至った答えは、農業の浸透により野草はめずらしいものになり、そのめずらしさにはふたつの側面が常に伴うということだった。すなわち、高貴な食べ物として望ましいものになるか、異常な食べ物として蔑《さげす》まれることになるかということだ。栽培された穀物を食べることが「正常」だとすれば、ワラビを食すことは特権（平安時代の皇族たちは望んでそれに舌鼓を打った）にも、災い（飢えた農民たちはこれを食す以外、生きる道はなかった）にもなりうる。

このふたつと異なる三つ目の視点を得られるのは、さらに北上し、北海道でアイヌの料理人たちに会うまで待たなければならなかった。わたしはそこで初めて、野山の草木を食すことを歪《ゆが》んだ農業のレンズを通してではなく、単に体によいものを摂るという視点で見ることになった。

西和賀町の「ワラビ海苔巻き」

このレシピは、西和賀広域エコミュージアム推進協議会が発行した山菜料理本『西和賀の山菜』に掲載されていたものを参考にした。西和賀のワラビ海苔《のり》巻きは、味つけをしない白いご飯を使い、シンプルであっさりとしているが、より味わいが増すよう、ここではすし酢を使っている。

材料（3人分）

米…1・5合
水…300ミリリットル
米酢…大さじ2・5杯
砂糖または蜂蜜…大さじ2杯
塩…小さじ3分の1
海苔…3枚
ワラビ…18本（下ごしらえについては279ページを参照）

作り方

1 米を研ぎ、中鍋に水と一緒に入れる。火にかけて、沸騰したら弱火にする。蓋をして、10分から15分、米が水を完全に吸収するまで炊く。火から下ろし、さらに5分から10分蒸らす。

2 小鍋に米酢と砂糖か蜂蜜、塩を入れて、溶けるまで温める。炊きあがったご飯を桶（私はサラダ用の平たい大皿を使った）に移し、合わせ酢を上からまんべんなくかける。木のスプーンかしゃもじで、ご飯粒をつぶさないように気をつけながら優しく混ぜる。もう片方の手にうちわを持ち、あおぎながら、ご飯粒につやが出て少し冷めるまでかき混ぜる。

3 海苔を縦半分に切る。ワラビのくるくる巻いた先端を取り除く。先端はほかのレシピで活用する。

4 まな板か巻きすの上に、半分に切った海苔を横向きに置く。そこに、すし飯の6分の1の量を載せて、端のほうまで平らに広げる。その中央にワラビの茎を三本横向きに置き、巻く。よく切れる包丁で一口サイズに切り分け、醤油とワサビをつけていただく。

第4章

世界でいちばん背の高い草

天然物でもあり栽培物でもある
タケノコの物語

かがやける緑はそよぐ竹やぶを
おもいつつ賞《めで》つたけのこの味

五島茂（明仁上皇の作歌の師）

うす味のけふ生い出けむ竹の子の
この味こそは日本の味わひ

五島美代子（美智子上皇后の御歌指南）

五島茂、美代子夫妻が「うお嘉《か》」*1を訪れた折、
同店のために詠んだ歌

京都――魅惑のタケノコ

老舗「うお嘉」の五代目店主

京都市内南西の端、西京区大原野上里北ノ町の閑静な住宅街。柿を思わせる橙色の壁に囲まれた庭園内に、五十年の歴史をたたえる日本料理店がある。ここで全十一品にすべてタケノコを盛り込んだ伝統のタケノコ会席コース[*2]が楽しめるのだ。いかにも長い歴史を感じさせる店で、抹茶色の壁[*3]の玄関口にかかる緑色の暖簾《のれん》の縁はいつしか変色し、薄暗い廊下に敷かれた赤い絨毯は色あせている。着物姿の仲居さんに迎えられ、部屋に案内されるが、仲居さんの表情は厳《おごそ》かで、近づきがたいものを感じさせる。だが、わたしが知る限り、この店ほどタケノコを精魂込めて丹念に調理して食べさせてくれる店はほかにない。

この「タケノコ神社」の「神主」は、京都「うお嘉《か》」五代目店主の小松嘉展《よしのぶ》さんだ。小松さんはタケノコのことしか頭にない、タケノコが憑依したような人物だ。タケノコをどう栽培し、収穫し、調理するか、タケノコで世界を変えられるのではないだろうか、タケノコのすばらしさを広く世の中に伝えられるのではないか、と春から冬まで一年中、朝から晩まで一日中、休むことなく考えている。

小松さんと数日間過ごしてみて、小松さんのタケノコに対する関心の高さは、魅力的に思えることもあれば、不可解で神秘めいたものを感じることもあった。はたして同じようにニンジンやキャベツにカルト的に入れ込める人はいるだろうか?

わたしたちのほとんどが知ることのない植物の世界が存在し、そこにはさまざまな意味が積み重なっているが、本書執筆の調査を通じて見てきた多くの人たちと同様、小松さんもそうした意味を一つひとつ解き明かす秘密のドアを見つけたようだ。そしてその扉をなんとしてもこじ開けて、あとに続く者たちを呼び込もうとしたのだ。そんな小松さんの強い気持ちが、わたしに幸運をもたらした。というのは、小松さんのうお嘉を知ると、わたしはそこでぜひタケノコ料理を味わってみたいと思った。そして電話をかけて数か月後の食事の予約を入れてもらっただけでなく、料理人や給仕の方々の邪魔になるかもしれないですが、一日調理場を見せてもらえないでしょうかと願い出たところ、小松さんに受け入れてもらえたのだ。小松さんは面倒臭がるどころか、むしろわくわくしているようにさえ思えた。

タケノコは日本に来て初めて採取した天然食物だったから特別なものを感じる。少なくとも当時のわたしは、タケノコは天然であると思い込んでいた。

その頃は三重県南部の海沿いの蒸し暑い地で生活していた。丘をおおう黒々とした杉林と常緑広葉樹林に、黄緑色の竹林が縞模様をつけていた。北カリフォルニアで育ったわたしが初めて目にするエキゾチックな光景だった。そしてすぐに知ることになった。葉が優美に羽毛のように生い茂り、稈《かん》（竹の幹の部分）の頭が美しく垂れ下がるこの竹は、モウソウチク（モウソウダケ）[*4]と呼ばれるのだ。日本で過ごした最初の春に何度か味わったおいしい新芽は、ほかでもない、モウソウチクの新芽だったのだ。

翌年の春が近づくと、このおいしい新芽を自分で掘り出してみたいと思った。

ある日、散歩に出かけると、誰も入らないと思われる浅い谷に竹林が広がっていた。当時住んでいた家から歩いて十分も離れていなかった。

すばらしい！

何の手入れもされていないようだから、この竹林の所有者はいないか、いたとしてもここで何かあってもほとんど気にすることはないだろう、といささか軽率な思いを抱き、冬の終わりをじっと待った。

寒が明けると、ビニール袋と鍬《くわ》を手にその谷に向かい、われながら大胆なことに、竹の新芽を土から掘り起こして採取してきた（幸運にも、誰にも見られなかった）。

家に戻り、米ぬかで湯がいて灰汁《あく》を取ってから、煮込みにして、スライスして、シチューにして、炒め物にして、もう見たくないと思うまでおいしく味わった。

それから数年して、わたしがタケノコを掘り出したその地は確かに所有者がいて、どこかの時点で竹が植林されていたと知った。つまり、あの竹林のタケノコは、将来その土地の所有者が毎年おいしく食べようとしていたものにほかならなかったのだ（そして所有者はそれができなくなったのだ)。
わたしはその人からタケノコを盗んだのだ。

タケノコは栽培食物か?

わがタケノコ愛はこのように見下げた形で始まったが、以来、それでもタケノコに強く惹かれている。取材の名目ではあるが、全十一品にすべてタケノコを盛り込んだ伝統の会席コースを味わえるとは長年の夢がかなう思いだ。だが、タケノコはやはり天然食物ではないのだろうか? 厳寒の千島列島から南米のアンデス山脈まで、世界には少なくとも一四〇〇種類の竹が繁殖している。日本だけでも一〇〇以上存在するし、七、八種は広く食用とされている。天然採取でしか手に入らないものもあり、中でもいちばんよく見られるのが、雪に強く、草むらのように生い茂るチシマザサ[*5]だ。だが、これから向かうお嘉ではおそらくモウソウチクが出されるだろう。モウソウチクはモウソウダケとも呼ばれ、江戸時代の元文期(一七三六年から一七四一年)に清《しん》より輸入されたと言われており、日本国内でも栽培されるようになった。日本でモウソウチクはリンゴやミカンと同じで、もはや天然食物ではない。

ただし特定の状況においてはリンゴも竹も同じように天然のものが見られる。日本では次のような要因が背景にある。竹は非常に長持ちするから、各種の籠《かご》やしゃもじや釣り竿などはかつてほとんど竹で作られていたが、悲しいことにいつのまにかプラスチックに取って代わられつつある。これに機をあわせて中国産の安価のタケノコが入ってきた上に、農業者の高齢化もあって、全国あちこちに見られたモウソウチクの森は次々に放棄されることになった。

京都府では二〇〇〇年代初頭までに京都市北部のほぼすべての竹林が放棄された。衛星データによると、全国の竹林の少なくとも三分の二が同じように放置されている。同時に、モウソウチクは近隣の林に広がることもよくある。農家の人たちが根絶やしを怠るようなことがあれば、たちまち森の生態圏は支配されてしまうのだ。価値ある自然の草木を目ざとく採取する者（犯罪者と言うべきだ）もいて、放置された竹林を難なく見出し、タケノコを掘り出してしまう。

ここで考えてみたいが、モウソウチクは栽培食物だろうか？　それとも半天然の食物か？　かつては天然食物として人々に認識されていたのだろうか？

こんなふうにしばらく頭を悩ませたのちに、わたしはうお嘉を訪れることにした。たとえ小松さんが栽培されたタケノコを出してくれたとしても、うお嘉のタケノコ料理を味わい、タケノコに関して教えてもらうことで、天然のタケノコとは何か、知識が得られるはずだ。近い将来、天然のタケノコについてさらに深く調査を進めることで、かつてこれを無断で掘り出して食した著者としての良心の呵責《かしゃく》を鎮められればと願った。

店に届いたタケノコ

三月下旬の金曜日の午前十時、うお嘉を訪れた。さまざまな情報とあわせて事前に送っていただいた写真そのものの庭園で、小松さんが迎えてくれた。白い調理服の上下に、小さな丸い帽子。きれいに髭を剃った四角い顔に、熱意がありありと漲《みなぎ》っている。確かわたしより十歳ほど年上なだけであるが、優美に朽ちかけた店の前でていねいにお辞儀をする小松さんは、違う時代の人のように思えた。

小松さんはわたしを従えて、大きな調理場を通り、優雅に着物を着こなす奥さまが恭《うやうや》しく迎えてくれる廊下を通り、小さな調理準備室に入ると、小柄で筋肉質の男性が流しの前に立っていた。白髪交じりに大きな鼻、ワイヤーフレームの眼鏡をかけたこの男性は、ニューヨークの大衆天ぷら食堂で腕を振るう料理人に見えると言えば見える。だが、この人がうお嘉の板場長、尾上松次さんだ。尾上さんは六十九歳、うお嘉のタケノコ料理の責任者を務める。日本料理は食材がすべてだとよく言われるが、ほんとうの食材の前ではほかの食材は脇役にまわる。ここで主役の食材は言うまでもなくタケノコだ。したがって、この調理準備室での食材としてのタケノコの選別と下ごしらえがもっとも重要になる。

調理準備室に入ると、絹地を思わせる黄色いタケノコが流しの脇の鉄製の調理台にすでに積み上げられていた。尾上さんの話では、昨日木曜日に仕入れた残りをきれいに湯がいたものだという。数分後、業者が今日の分を届けにきた、と小松さんが呼びにきた。尾上さんにつづいて急いで外に出た。厨房を出たところに業者のバンが停まっている。明るい午前の日差しが射すなか、業者はバンの後ろからダンボールを六、七個運び出し、小道の上に並べている。ここで中身を確認してもらうのだ。尾上さんはその前にしゃがみ込み、次々に箱の中に手を入れていった。それぞれの箱に大きさの異なるタケノコが入っているのだ。

「えろう硬いな」と尾上さんは顔をしかめて不満そうに言った。

「すんません、雨は一週間降ってないもので……」と中年の業者は弱々しく謝意を示したが、自分の手に負えないことだと暗に伝えようとしていた。

春の雨量が少ないと、タケノコの成長は遅くなる。硬く乾燥した土壌を突き抜ける丈夫な繊維の成長に時間がかかるからだ。これは京都のタケノコ業者の悩みの種だ。というのは、ほとんど苦みのない、最高にやわらかいタケノコを収穫できるかどうかは、春に無理なく芽を出せるかどうかで決まるからだ。

そんなタケノコを顧客に提供するために、生産者は冬のあいだ、斜面に段々に広がる竹林に土をかぶせてふわふわの稲わらを重ねておく。これをしないと、毎年同じ浅い土壌で栽培することになり、タケノコは年々密集度が高まるきびしい状況下で、生存競争に打ち克《か》ち、太陽に向かって芽を出し、稈を伸ばしていかねばならなくなる。生産者はアスパラガスとトウモロコシの中間くらいの風味をめざしている。だが、自然は常にあらゆる形で農家の人たちの仕事を困難にする。この日に届けられたタケノコも、尾上さんが期待したものではなかった。だが、尾上さんはそれを買い上げることにした。うお嘉の業者のほとんどは近辺で収穫したものを納品しているから、ほかの業者のものも同じようなものだと判断したのだ。

背後で調理場のドアがスライドして開き、ぐつぐつ煮立った鍋から濃厚な魚の出汁《だし》のおいしそうな匂いを含んだ煙が上がるなか、ティーンエイジャーと思しき少年が入ってきた。例のタケノコが入ったダンボール箱をここに運んでくるように命じられたのだ。この若者は板場長の尾上さんを手伝っている上田さんだ。通信制高校を卒業し、ここで調理師の道に進むかどうか決めたいとのことだった（タケノコについては好きか嫌いか何とも言えないという。というのは、上田さんがうお嘉の洗練されたタケノコ料理を食べさせてもらえることはまずないからだ）。

尾上松次さんは十九歳で料理を始めた。奇遇なことに、わたしがトチノミの調査に訪れた滋賀県高島市の山岳の村、朽木《くつき》出身とのことだ。川魚料理店で調理師として働き出し、一九八七年からうお嘉の調理場に入った。

まさにここで、うお嘉の調理場でいちばん経験豊富な板場長と、いちばん経験の浅い調理補助人が肩を並べ、いちばん重要であるが、いちばん単純な作業をともにこなしていたのだ。

タケノコで世界を変える

どこまでもこだわる

　上田さんが準備部屋に戻ってきて、調理台脇の大きな流しにタケノコをどさっと出した。そこで跳ね上がるタケノコは、滅多にお目にかかることのない森の動物たちの角を思わせた。どれもやわらかい茶色の羽毛のような皮でつつまれ、下の部分は汚れひとつないクリーム色に染まっている。上田さんが両腕を肘《ひじ》まで冷水につけてタワシでゴシゴシ洗い出したが、尾上さんはまた不平を漏らした。

「こりゃだめだな、だめだ」と尾上さんはつぶやくと、上田さんと一緒に準備を進めようと、鉄製スポンジタオルを手にした。「硬いな、こりゃ」

　尾上さんはタケノコを一本取り上げて、タケノコを包む皮の部分を指さした。

「ここが黒い。いいやつは表面が真っ白だ。そしてこの下のブツブツ」と言って、今度は根元に突き出た深紅の輪を指さした。「ここも白くなきゃだめです」

それでも味も食感も、わたしがこれまで食べたどのタケノコよりもはるかにすぐれているに違いない。どこかの地方の放置された竹林で採れる半天然のタケノコとは比べものにならないはずだ。そんなものには京都の農家の人たちがタケノコに寄せる愛は微塵も感じられない。子供の頃、アメリカの中華料理店に行くと、やたら筋ばって味気ない四角く切られたタケノコが出されたが、それともまるで違うはずだ。

上田さんが洗い流したタケノコを隣の調理台に置いていった。尾上さんはそれにすばやく包丁をあてて先と根元を切り落とし、側面に細長い切れ込みを入れた。そのように処理したタケノコが山のように積み上がると、尾上さんはコンクリートの床に並べた四つのガスコンロの上の大きな鍋に次々に沈めていった。ホースで鍋に水を注いでいっぱいにしてから、四、五種類の乾燥粉唐辛子と、ソースパンにいっぱいに入れた米ぬかを四つの鍋に入れていき、苦味を取る（灰汁抜きをする）のだ。一時間ほどすれば、どの鍋もぐつぐつしてくる。さらに一時間煮込んでタケノコがしんなりしてくれれば、各メニューの食材になる。

ここでうお嘉五代目店主の小松嘉展さんがわたしを呼びにきた。毎朝この時間、小松さんは地元の農家を回る。業者、個人栽培者、市場など、いろいろなところからタケノコを仕入れているのだ。質も収穫量も毎年大きく変動する地元産のタケノコにこだわるため、朝の巡回はかかせない。同時に、多くの地元の農家と良好な関係を維持しておかなければならないこともある。

「わたしの仕事は『外交官』みたいなものです」車一台しか通れない細い道をワゴン車で流しながら、小松さんは言った。

そしてこの日はうお嘉から数キロメートルの小さな農家数軒から買い上げることになる。

「たけのこ大使」

小松嘉展さんはうお嘉のある京都の洛西《らくさい》で育った。洛西は昔から竹林があちこちに見られ、タケノコ生産の中心地として栄えてきたが、小松さんはこのあたりの人々にも農業にも通じている。小松さんにこうして会う前に、小松さんから洛西で過ごした子供時代を生き生きとつづった文章を頂戴した。許可を得て、一部引用する。[*6]

私は小さな頃から竹林[*7]に囲まれた環境で育ちました。遊び場所も藪《やぶ》のなかで、よく友達と探検ごっこをしました。日暮れどき、暗い藪の中を肝試しに歩いた記憶もあります。三、四歳のころ友達と走り回って藪のため池に落ちて、おぼれかかった思い出もあります。

春は竹の子掘りや竹の子の調理を真近でみていました。桜の花と竹の子の独特の香り、竹の子のアク抜きに鍋に一緒に入れる米ぬかの匂いが辺りに立ちこめていました。

夏になれば、家にいてもやぶ蚊たちにあちらこちら刺され、蚊取り線香は必需品でした。台風が通過するときに竹が大きくしなる姿が怪獣がほえているようで怖がっていました。
秋には竹林には肥えがまかれ、結構な臭いもありましたが、牧歌的な農家の雰囲気があり、そこに居るのが大好きでした。
冬でも雀や小鳥が藪で休んでいて、朝、私が通ると鳴きながら、飛ぶ姿をみて爽やかな気持ちになりました。笹につもった雪の重みで竹がしなり、竹林も白くなり、温度があがるとざぁざぁと雪が落ちる音がして、元の姿に戻る様子が見てとれました。
春夏秋冬、四季おりおりに、いつもそばに竹を感じておりました。

小松さんは大学卒業後、しばらく東京に行っていた。帰省すると、竹藪が広がる風景は退屈に映った。だが三十歳になった時、祖父であるうお嘉三代目店主の小松嘉三郎が没すると京都に呼び戻され、家業を手伝うように言われた。祖父の嘉三郎はうお嘉のタケノコ料理を作り上げた人物であり、小松嘉展さんは祖父が毎年春になるとその手でタケノコを掘り出していたのを覚えている[*8]。

嘉展さんも祖父と同じことをしようと決心し、近隣のある農家の人に教えを乞うことにした。そして農家の人たちと長く時間を過ごすことで、タケノコの奥深さをより深く知ることになった。嘉展さんがタケノコの虜《とりこ》になった瞬間だった。

その頃、ある竹林の一部（四〇〇〇平方メートルほど）が売りに出されていると聞いた。ひとつにはその土地の後継者が絶えてしまったことがあるという。

子供の頃の自分とともにあった美しい竹林をなんとか再生できないだろうか？　竹を植えた人たちの叡智に敬意を表し、かつてこの国の文化において多様で重要な役割を果たした竹を有効に使える方法を見出すことはできないだろうか？

「それがわたしの使命だと感じるようになりました」と小松嘉展さんはわたしに書いてくれている。

竹の新しい利用方法を模索する科学者や実業家たちとのつながりを強め、今では竹林の再生と竹のさまざまな商品利用を唱える、世界の「たけのこ大使」[*9]を自認する。小松さんの使命のひとつに、タケノコに興味を持つアメリカ人ジャーナリストをうお嘉に呼び込むこともあったのかもしれない。

モウソウチクの仕入れに同行

タケノコ作りの職人たち

その前日（木曜日）、小松さんはわたしを連れて、いちばんの仕入れ先という農家の一軒に連れていってくれた。暖かく気持ちいい春の日で、モウソウチクの季節に入って二、三週間経っていた。うお嘉から交差点を四つか五つ先に行ったところに、当時三十九歳の上田泰史さんの農場があった。上田さんは家業を引き継いでいるが、以前は広告代理店やナイトクラブで仕事をしていたという。濃紺のデニムの上下をパリッと着こなした服装に、昔の仕事ぶりが感じられる。

うお嘉の創業者、小松嘉吉が旅人の休息所として明治五年（一八七二年）に店を開いたのと同じように、上田さんの竹林も六世代前の先祖が開拓した。明治二十年代、京都西南部の丘は、混交林から地元の人に「藪」と呼ばれるものに変貌した。だが、上田さんの竹林は非常に開放的で風通しよく、藪という類いのものではなかった。十分に間を置いて植えられた太い稈が太陽の降り注ぐテラスの上に聳《そび》え立ち、葉は絹のスカートのようにさらさらと風にそよいでいる。平和を絵に描いたような場所だった。

上田さんが小さな作業場の外に出てきて、満面の笑みで迎えてくれた。奥様は第一子の男の子を出産されたばかりだった。お気の毒に上田さんは「竹の子供たち」の世話に忙しく、病院の奥様のそばにいてあげられないとのことだった。

竹林で使われる言葉は、どれも人間味あふれていて、心が和む。成長した稈は「親竹」という。竹の「親」が竹の「子」、タケノコを産むのだ。親竹は大体六年間、一年おきに子供であるたくさんのタケノコを産み落とす。一本一本がわかるように、タケノコ生産者は筆と墨を手に、[*10]新しく突き出したタケノコに誕生年を記してまわる。六年すると生産者は稈を切り倒すが、その前に必ず有望な親竹になると思われる茎を見極めて、その茎が葉を広げるまで待たなければならない。そのあと、臍《へそ》の緒を思わせる根でつながった親竹から成長した茎を切り離すのだ。そのあいだも、竹林は単一の有機体として存在し、栄養素を吸収し、分配する。

根の節は地上に突き出してタケノコになることもあれば、地中にさらに根を広げることもある。夏にどれだけ栄養を与えられるかによって、タケノコの産出量が決まる。栄養が十分行き届いていれば、竹がたくさんの子供たちを産み落とすことが期待できる。栄養が十分でなければ、竹はさらに根を地中に広げて、離れた土壌から栄養を取り込むことになる。日光量にも大きく左右される。一本一本の間隔が十分に取られた栽培竹林であれば、広いスペースにタケノコが芽を出し、日光を十分に浴びることができる。だが、密集した林ではそうはいかない。よって、上田さんの竹林は竹がぽつぽつとしか生えていないように見えるが、実はまるで手の入れられていない藪よりはるかに生産性が高い。

多くの竹は主に地下に根を広げることによって繁殖する。京都で長く竹を研究する渡邊政俊氏（元附属演習林技官・竹文化振興財団専門員・農学博士）によれば、日本のすべてのモウソウチクは同じDNAを持つことから、江戸時代の元文期（一七三六〜一七四一年）に清から入ってきたモウソウチクが国中に広がったと考えられる。

一方で、竹は独自の奇妙な方法で種子によって繁殖する能力があることもわかっている。多くの竹は開花することなく、何年、何十年、何世紀もかけて成長するが、ある種の竹は膨大な範囲で一斉に開花し、集団で枯れ、のちに種子から再生するのだ。これは「一斉開花」（gregarious flowering）と呼ばれるもので、日本の竹のほかには、インドとスリランカに生育するコウリバヤシ（タリポットヤシ）だけにしか見ることができない。一斉開花の間隔は竹の種類によって異なるが、一世紀にわたる周期を観察するのは容易なことではなく、よくわからないことも多い。同じ時期に一斉開花する興味深いメカニズムも謎のままである。

チシマザサやマダケなど、広く活用される竹が一斉開花したあとには、非常に衝撃的な光景が広がる。木立全体が茶色く枯れ果てて墓地のようになってしまい、完全に再生するには何年もかかるのだ。天然林では、竹の一斉開花によってほかの植物の生長に影響がおよぶこともある。北日本のブナ林にも同じ現象が起こるが、密集するチシマザサの根は六十年から一〇〇年に一度しか枯れることはないから、この間にブナの若木が成長し、森の再生がはかられる。

一斉開花によって種子が突然大量に落ちてくることで、人間には恵みも呪いも突きつけられる。

上田弘一郎は『竹』（毎日新聞社、一九六八年）に記している。

たとえば、安政二年（一八五五）六月、山形県（米沢藩）のササが全面的に開花し、その実を追うて野鼠が大発生して農作物をくい荒らした。そのとき、つかまえた鼠の数はじつに三五万匹をこえたという。近くは昭和四一年（一九六六）夏ごろ四国愛媛県上浮穴郡の高原地帯約一万ヘクタールに生えているイシヅチザサ、ミヤコザサが一斉に開花して実をむすび、スミスネズミなどが大発生し、推定百七十余万匹の大群がヒノキなどの皮をかじって枯らし大害を与えたと新聞につたえられた。
また凶事と吉凶のかさなりもある。天保三年（一八三三）に岐阜県高山でスズダケが四〇キロ四方にわたって大開花した。その年はイネの凶作にあたっていたので、付近のひとたちはきそってその実を拾い集めて主食の代わりにしたそうだ。ひろった実がなんと二五万石（約四、五〇〇万リットル）にのぼったといわれる。

上田弘一郎『竹』（138〜139ページ）

上田泰史さんと小松嘉展さんには幸運なことに、モウソウチクは一斉開花と再生によってそれほど大きな影響を受けることはない。正確に言うと、モウソウチクは徐々に再生しているから、生産者が影響を感じることはほとんどないのだ。タケノコの収穫も数年、数十年、数世紀に渡って、変わらず期待できる。

上田泰史さんは京都の農家の人がタケノコを掘り起こすのに用いる堀鍬《ほりぐわ》を見せてくれた。腰の高さまであるなめらかな木の柄に、ほぼ同じ長さの刃が先に直角に取り付けられている。なるほど、これを使えば、腰を屈めることなく、楽にタケノコが掘り出せる。堀鍬でタケノコを掘り起こす時期は非常に重要だ。というのは、土から顔を出したばかりのタケノコは非常にやわらかく、ほのかに甘い風味がするものの、太陽を浴びた瞬間、野生動物に食べられまいとして徐々に堅くなり、「竹」になろうとする。だからこの時期のタケノコは口にすると舌が固まってしまうくらい苦いのだ。[*11]

タケノコは収穫後に味が変わるが、調理すればその時点の味を楽しめる。だからうお嘉の板場長、尾上松次さんはタケノコを入荷したらすぐに鍋に入れてしまうのだ。望遠鏡を伸ばすように、モウソウチクは目に見えるほどの驚くべきスピードで成長する。一九七〇年、一本のモウソウチクが一日に一二〇センチほど伸びたという科学者たちの報告もある。したがって、タケノコの生産者は、味のいいタケノコを得るために毎朝早起きしなければならない。上田泰史さん一家は上田さん、上田さんのお母さん、奥さんのお父さんが毎朝六時に起き出し、タケノコがいよいよ地上に出現しようとする時、土がよじれていたり、ひびが入っていたりすることはないか、常に目を光らせている。

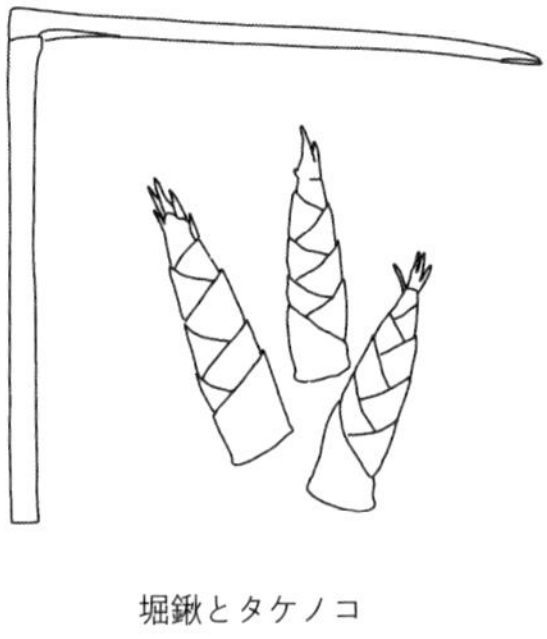

堀鍬とタケノコ

上田さんは小松さんとわたしをしたがえてすずしい竹林を歩いている時、健全な誇張表現を交えつつ、次のように説明してくれた。

上田さんは義父の二十倍の速さでタケノコを掘るから、その年の終わりには筋肉量が二倍になる。タケノコが成長する時期は毎日欠かさずタケノコを食べるし、このあたりでいちばんおいしいタケノコを産出する。

なぜかはわからないが、上田さんの話は不快に思わなかった。その反対で、タケノコに対する上田さんの熱意が、小松さんの熱意と同じくらい、魅力的に思えた。

翌日の金曜日の農家訪問は、通り一遍と思われるようなものだった。まずは中年男性とその母親が経営する農家を訪れた。あとで教えてもらったが、この農家のタケノコは標準とのこと。それでも小松さんはここで三箱購入し、その日の市場価格をやや上回る額を支払った。こうすることで、この農家にタケノコの収穫があれば、いの一番に連絡を入れてもらえる。ただ、これは父であり、今もうお嘉の共同経営者を務める弘一良さんと諍《いさか》いの元になる。うお嘉の四代目店主であった弘一良さんは、仕入れはできる限り抑えるという一昔前の商法を好むからだ。

次に訪れたのは、通りの向かいにある八十八歳の夫と八十四歳の妻の農家だ。その日の朝に初収穫し、小松さんに連絡してくれたのだ。

小松さんはここで小箱を買い上げた。あとで話してくれたが、この夫婦はいつも良質のタケノコを分けてくれるが、その時は時期が早すぎてあまりよくなかったとのこと。*12

三軒目にまた別の農家を訪れた。この農家は道を挟んだ小屋の中に、タケノコをサイズごとに床にきれいに並べていた。ここに来るまでにすでに店に十分なほど買い込んでいたので、小松さんはいちばん大きなタケノコだけでいいと言ったが、この農家の人は全部持っていくように勧めた。小松さんは関係を良好に維持したいからか、言われたとおりにした。うお嘉に戻りながら、板場長の尾上さんにこんなに買ってきてと叱られるだろうと小松さんは心配し、余分なものは醤油漬けにして年内の宴会用のつまみにしてもらおうと言った。

大厨房は大忙し

準備場に戻ると（小松さんが尾上さんに叱責されることはなかった）、ふたたびタケノコを水洗いし、穂先を切り、鍋で湯がく作業が再開された。尾上さんはタケノコを大きさとやわらかさで分けていく。中くらいの大きさのものは縦半分に切って、みりんと醤油と酒をからめて直火で焙《あぶ》ると、うお嘉の人気の一品「朝掘り筍姿焼き」となった。優雅な見栄えの一品ができあがり、準備場に花が咲いたようだ。いちばん大きくて甘いタケノコは輪切りされ、出汁に薄口醤油と塩とみりんを加えた繊細な汁でぐつぐつ煮込まれる。うお嘉名物「朝掘り筍鏡煮」（女性の持つ手鏡のように丸く大きな形状なので「鏡煮」と呼ぶ）になるのだ。いちばん小さいタケノコは半円形に切られ、ペースト状にしたエビを間に挟んで天ぷらにされる。「筍海老はさみ揚」だ。

この時間になると、昼食時の注文が相次いで入り、大厨房は大忙しとなった。思えば先ほど農家をまわっている時も、小松さんはしきりに時計を気にしていた。お昼時は忙しく、緊張感が張り詰める。小松さんは尾上さんたちに、わたしの指示どおりに写真撮影に応じるよう何度か求めたが、尾上さんたちはそのたびに顔をしかめた。今わたしがここにいてはいけない。タケノコ職人が腕に縒《よ》りをかけたおいしい料理は、またあとで食べさせてもらうことにしよう。

たけのこ会席を味わう

店そのものが芸術品

翌日の土曜日、ふたりの友人とうお嘉で夕食を取ることにした。ひとりは福井の高浜の山村でフキの葉ご飯を食べさせてくれた金明姫《キムミョンヒ》さんの娘で、京都生まれのキャ・キム、もうひとりは日本に長く在住する外国人だ。ふたりとも一品一品にタケノコを盛り込んだコースはどんなものだろうか、おいしいのだろうかと、期待に胸を膨らませてやって来た。確かに全品タケノコで作られるコース料理とは一体どんなものだろうか？

抹茶色の壁の玄関口を入り、調理場から離れたところに立つ色褪せた木の看板にしたがい、緑に囲まれた敷石の小道を進んでいくと、お座敷が見えてきた。緑色の着物を着た淑《しと》やかな女性の仲居さんが迎えてくれて、思わず口を開けてしまうほど広い畳部屋に案内され、座卓を囲んで腰をおろした。仲居さんは開いた襖《ふすま》から恭しく部屋から出ていく際、庭園に何本か突き出したタケノコを指さし、つづいて床の間に置かれた男根のようにそそり立つ一組のスピーカーを指さした。

胸の高さまであるこのスピーカーも、磨き抜かれた竹で作られていた。仲居さんが出ていったあと、キャ・キムはまさにこの店そのものが一流の芸術品だと感嘆した。

なるほど、竹で統一した装飾、竹をかたどった器、全品タケノコをあしらうコース料理、そういうことね、とキャ・キムは言った。

キャの言うとおりだ。うお嘉で夕食を取ると、今の京都の人は京都がのんびりした田舎町だった時代にタイムスリップした錯覚を覚えるかもしれない。

だが、わたしは小松さんとうお嘉の先代たちが作り上げたものには敬意を表さずにいられなかった。まやかしなどではない、愛があふれている。まじめに、照れることなく（タケノコの奥深さを知らない人は少し恥ずかしく見えるのかもしれないが）、この人たちは清らかに心から竹とタケノコに愛を捧げているのだ。

この日ここで、わたしたちはタケノコ会席「千久鳴《ちくめい》コース」[13]をいただいた。

先　附　　筍塩麹漬

八　寸[14]　筍田楽二色と春の珍味

吸　物　　お吸物若竹仕立

向　附[15]　朝掘り筍造り

名　物　　朝掘り筍鏡煮

箸休め　筍木の芽和え
焼　物　朝掘り筍木の芽焼き
油　物　筍と春の山菜の揚げ物
留　椀　赤出汁
御　飯　筍御飯　筍佃煮
水　物　筍入りクリームチーズムース

コースの前に、鮮やかな緑色の宇治煎茶と、小豆が透けて見える小さな長方形の菓子*16が供された。宇治煎茶は塩が入っているように感じ*17、菓子の表面はシャリッという歯ごたえがある。

❖先附　筍塩麹漬
塩麹漬けされたタケノコ先端の絹のような姫皮の上に、細切りにしたラディッシュとイクラ*18が載せられ、出汁を染み込ませた菜の花と子持ち若布《わかめ》が添えられる。

❖八寸　筍田楽二色と春の珍味
赤味噌と白味噌が塗られたタケノコ田楽とともに、流れ子（トコブシ）旨煮、諸子（モロコ）時雨煮、一寸豆（ソラマメ）甘煮、サーモン手鞠寿司が出された。皿には黄金のタケノコと緑色の竹の絵があしらわれていた。

❖吸物　お吸物若竹仕立
お椀のふたを開けた瞬間、木の芽の香りがする湯気が上がった。やや舌がしびれるような旨味。

❖向附　朝掘り筍造り
造りは生ではなく、一度煮て冷ましたものであるが、まるで砂糖をからめて煮込んだかのように、甘くやわらかく、繊細に味つけされていた。タケノコの品質に加えて[*19]、板場長の尾上さんの入念な仕立てがあっての一品。

❖名物　朝掘り筍鏡煮
厚く輪切りにし、出汁で煮たタケノコに、糸花鰹と木の芽が載せられている。温かく、豊かな味わい。ほんのり苦味も感じられる。[*20]すでにタケノコを満喫しつつある。

❖箸休め　筍木ちまき寿司[*21]
白身魚の鮨を笹の葉に包んだものが供された。尾上さんのお心遣いだ。前の日、調理場に干し草が掛かっていたので、これは何に使うのですかとたずねたところ、湿らせてちょっとした菓子をくるむ際に使うとのこと。それがここで、菓子ではなく、鮨をくるむのに使われたのだ。ここで、タケノコからしばし離れられた。

❖焼物　朝掘り筍木の芽焼き
美しい盛りつけだ。だが、タケノコはもういいかも。まだ三品ある？

❖油物　筍と春の山菜の揚げ物
揚げ衣[*22]にゴマが散りばめられていて香ばしい。タケノコの海老はさみ揚も添えられている。これもおいしくいただく。ここでもタケノコを使っているのが心憎い。

❖留椀　赤出汁

❖御飯　筍御飯　筍佃煮
香の物とさっぱりした番茶も供された。あと少し。終わりは見えた。

❖水物[*23]　筍入りクリームチーズムース

タケノコの刻みが入ったクリームチーズムース。黒豆とミントの葉が添えられている。キャ・キムはそうでもなさそうだが、わたしはおいしくいただく。

食事が終わると、わたしたち三人は、いささかの誇張もないが、来年の春までお金を払ってタケノコ料理を食べることはないということで意見が一致した。わたしたちのタケノコへの欲求は満たされ、すでに消え失せていたのだ。

秋田――タケノコとマタギ

チシマザサを求めて

それから一年一か月後、秋田県森吉山《もりよしざん》の頂上近くのブナ林で、ふたりの男性（ひとりはクマ撃ち、ひとりはローカル線のワンマン列車の運転手だ）とともに腰をかがめ、天然のタケノコが突き出していないか、土の上に目を走らせていた。特に手に入れたかったのは、チシマザサ（根曲がり竹とも呼ばれる）の新芽だ。チシマザサは北日本の広く雪深い竹林に育ち、成長すると稈が二、三メートルほどになる。

チシマザサは成長すれば稈がまっすぐ伸びるのに、根曲がり竹とも呼ばれるのは、若芽が地上に出たばかりの頃は奇妙にねじ曲がっているからだ。だから、しゃがんで顔を土に近づけなければ見つからない。そうやって木立に広がるブナの苗木やほかの竹の茎や落ち葉や小枝の中から目を凝らして探し出すのだ。

顔を地面から数センチほどに近づけて、急な斜面に目を走らせていると、苔むした切株とシダの塊の向こうに……あった！　目当てのものを発見した興奮で身震いする。斜面を上がり、細い新芽を根元からしっかりとつかみ、引っこ抜いた。大きな音を出して抜けたから、汁が十分に詰まっていると思われる。手の中で折れたチシマザサの新芽を、バッグの中のタケノコの束に加えた。

京都のよく手入れされたモウソウチクの竹林を思い出した。地面に籾殻《もみがら》がふんわりと敷き詰められ、笹の葉が絹のようにさらさらと音を立てて揺れると空が見えた。その後、ここ本州のはるか北の森吉山で、野放図に広がる美しい森を見渡している。ブヨや蚊が飛び交うこの森の地下に、冬のあいだ長らく封じ込められていたあらゆる生命が、いよいよ芽を出そうとしている。栽培林と天然林の違いがこれほど明確になったことはない。

京都のモウソウチクの森がきびしい環境で実らせた美しさを静かに湛《たた》えるなか、森吉山のチシマザサの茂みは興奮にあふれている。雨と日と土の気まぐれにさらされて、狩りのスリルと、自分のコントロールを超えた人生のスリルをぞくぞく感じる。

生命力あふれた、やわらかい、完璧な創造物を天から授かる瞬間に勝るものはあるだろうか？容易に見落としてしまうし、見つけ出さなくても特に問題にはならないものを、わたしはついに手にしたのだ。

「山の女神に感謝しないと」とクマ狩りの織山英行《おりやまひでゆき》さんは言った。この人が三十分ほど前、夜明け直後にワンマン列車の運転手とわたしを車でこの山中に連れてきてくれたのだ。

やった、タケノコが芽を出した時にやって来られた、とわたしたちは話していた。織山さんが山の女神の比喩を持ち出したのも、あながち的外れではなかった。マタギ（東北地方ではクマ狩りを指す）の習慣として、狩りの前には山の女神に獲物に巡り会えるように祈り、収穫後には感謝の気持ちを示す。織山さんの話では、山の女神は「さほど美人ではない」そうで、美人が山に来るとひどく嫉妬する一方、男性がすごく好きだから、山に入ってきた男たちを引きとどめておこうとするという。マタギたちは山の女神を喜ばせようと、酒に加えて、おそろしい棘《とげ》を持つオコゼを奉納する。美人でない山の女神も、オコゼを見れば自分もきれいだと思える、とマタギたちは考えていたのだ。

マタギになった街育ち

わたしは織山さんが奥様の友里さんと北秋田市根森田《ねもりだ》に営むゲストハウス「ORIYAMAKE《オリヤマケ》」にお世話になっていて、そこで織山さんにタケノコ採取の支援を願い出た。すると、織山さんは秋田内陸線「AKITA星空列車」のワンマン列車の運転手をつとめる杉渕巧《すぎぶちたくみ》さんを紹介してくれた。杉渕さんは週末に山登りを楽しみ、チシマザサの販売もしているが、本業はAKITA星空列車の運転手だ。まさに杉渕さんが運転する星空列車が、その週の初めにわたしと妹とわたしの当時生後十か月の息子（わたしの調査チームは前の年の春から大幅な人員増大があった）を織山ご夫妻のORIYAMAKEに運んできてくれたのだ。織山さんが杉渕さんをタケノコ採取のガイドとして紹介してくれたのは、当時杉渕さんは四十四歳で、チシマザサにくわしいほかの地元のガイドより二十歳ほど若く、秋田弁ではなく、標準的な日本語を話し、わたしも難なく理解できると考えたからだ。

いつもタケノコ採取に出かけるという朝四時半に、杉渕さんは織山さんのゲストハウスＯＲＩＹＡＭＡＫＥにやって来た。ウェーブのかかった黒髪は短く刈られ、四角い黒縁の眼鏡をかけて、日本で屋外の作業服として知られるつなぎ服を細身の体にまとっている。とても礼儀正しいが、よそよそしい印象はまるで感じさせない。一目見て、ある種の無防備さというか、何でも抵抗なく受け入れてくれる人だと感じた。織山さんもフレンドリーで、喜んで手を貸してくれるように思えたが、男性としてのかなり強い自信を秘めていた。織山さんは会話をするというより、講義をするようにしていろいろなことを聞かせてくれた。

数年前に杉渕さんが織山さんから野菜を栽培する畑を借りたことで、ふたりは知り合いになった。杉渕さんも織山さんと同じように未開の地が広がる北秋田市根森田に住んでいるのだから、土地を借りる必要はないのではないかと思い、そうたずねたところ、同居している父親は熱心な庭師で、土地を除草して畑として使えるようにしたいと言っても決して耳を貸さないんです、と話してくれた。先祖の土地の一部を畑にしようとすれば、お父さんになんやかんや言われるとわかっていたのだ。そこで苦肉の策として、根森田の自宅からも勤務先の秋田内陸線の事務所からも車で三十分ほど行ったあたりに土地を借りるのがいいだろうと考えたのだ。杉渕さんは根森田で生まれ育ったが、八歳から三十四歳まではほとんど山登りをせず、あまりないことだが、地域の人たちと触れ合う機会を逸したという。杉渕さんは独り者で、子供もいない。

杉渕さんが天然植物を採取するようになったのは、引っ越しをしてからわずか四、五年後だ。ということは、今わたしに会っている、五、六年前になる。杉渕さんは秋田内陸線を退社する先輩と変わらぬ付き合いを維持したいと思った。この先輩が天然植物の採取に通じている上に、杉渕さんもすでに熱心に山登りを行っていたこともあって、一緒に天然の草木を取ってまわるようになった。先輩は急な斜面を上がったり下ったりしながら、鋭い嗅覚でお目当ての植物を見つけ出し、山でとても気持ちよく過ごす人だという。

そんなふたりの関係を聞いて、わたしは細田守の『おおかみこどもの雨と雪』[*24]を思い出した。この物語の中で、人間とおおかみの両方の顔をもつ〈おおかみこども〉の姉弟、雪と雨は、母の花に連れられて田舎町に移り住む。そこで弟の雨は山の中で長く時間を過ごすようになり、あるアカギツネを「先生」として慕うようになる。


先生と出会って、雨の世界が一気に広がった。

今まで知りたかったことを、すべて先生は知っていた。

雨は今まで、自分が何を知りたいかさえわからなかった。だが先生と出会って、自分が何を求めているのかが鮮明になっていった。知れば知るほど新しい疑問が次から次へと湧き出た。

先生は寡黙だった。

ただ自分と、山の姿を見せるだけだ。

しかしそのひとつひとつが、雨にとっては衝撃だった。

いつか学校の図書館で読んだ本にあった「野生動物の生態」などとは、まるで違っていた。

人間が人間の視点で理解し書き記した「自然」なるものと、実際いまそこにある「世界」とは、大きな隔たりがあった。

雨は、先生の視点を借りて、それをつぶさに見知った。

例えばブナの木を、先生は別の名前で呼んだ。シャクナゲやリンドウにも別の名前があった。雲にも雨にも雨粒にも夕日にも別の名前があった。その名前の由来は、今まで雨が理解していたものとは全く別の体系で組み立てられ、全く別の意味を持っていた。

その中には、人間の言葉では翻訳できないような事柄もあった。ある事柄について、対応する人間の言葉がないことを雨が説明すると、先生はひどく不思議がった。それなくしてどうやって生きていくのか、と先生は言った。雨は、体中を電流が走るような衝撃を受けた。

全く新しい世界が、雨の目前に立ち現れた。


細田守『おおかみこどもの雨と雪』(角川文庫、168〜169ページ)

『おおかみこどもの雨と雪』の雨の目覚めは、実は杉渕さんより織山さんが根森田の田舎の生活で強く感じたものに近いかもしれない。秋田市で生まれ育った織山さんはビデオゲームが好きな典型的な都会の子供で、根森田の祖父母の家に行くのは好きではなかった。二〇一一年三月十一日、東日本大震災が起こり、東北地方は強い地震と津波に見舞われた。織山さんはこの時震源地からはるか離れた東京南部に住んでいた。娘さんがふたりいるが、上の子はまだ生後三か月だった（わたしが織山さんのゲストハウスORIYAMAKEを訪れた時、その子は八歳になっていた）。織山さんは自分たちがまったく無防備な状況にあると突然思い知らされた。都会では子供のおむつから家族の食べ物まですべてまるで知らない場所からもたらされ、水にも放射性降下物が混じっている。そこで織山さんは、家族で田舎に移り住めば安全だと考えた。少なくとも山岳地帯に行けば、常に食べ物は手に入る。

すぐに織山さん一家は根森田に戻り、誰も住んでいない先祖の家をゲストハウス「ORIYAMAKE」に改装した。

織山さん一家は根森田でいちばん若い家族になった。この村落は高齢化が進み、ほとんどの農家の人たちは畑の草を刈り取ったり、森から木の実を採取したりすることがもはやできなかった。それにより、森と農地の境がなくなりつつあった。クマが民家の近くにやってきて柿を取り、墓地に供え物として置かれた食べ物をあさり、人々を脅かしていたのだ。悲しいことにクマを銃殺することで問題は解決[*25]されたが、根森田には銃の所持が許可された人はひとりしかいなかった。織山さんの近所に住んでいた八十三歳の男性だったが、この男性が亡くなると、村にはクマを撃つ人がいなくなった。

そこで織山さんが根森田を何年も守ってきた「マタギ」を襲名することにした。家族と村の人たちを守り、「クマに人間はこわいと教えなければならない」と感じたという。クマの肉はあくまで二次的なものだ。わたしがORIYAMAKEを訪れた時、織山さんはマタギになって五年経っていた。

織山さんにとってマタギの文化はほとんど未知のものであったし、クマ撃ちは生活のごく一部にすぎないが（ふだんは地元のダムに社員として勤務している）、織山さんがマタギの文化をとても大事にしていることがうかがい知れた。

「僕たちの文化は自然界と人間の世界のあいだに跨《また》がっています」と織山さんは言って、ORIYAMAKEのリビングのクマの皮の敷物の上で、指を二本広げてみせた。

「マタギ」は「跨ぐ」から来ているという。マタギは山に入ってクマを撃つだけでなく、山菜やキノコを採取する。

野本寛一は『栃と餅　食の民俗構造を探る』で、昭和初期（一九三〇年）の山形県におけるあるマタギの食料採取について、詳しく記している。

同書22、23ページに、「山形県西置賜郡小国町樋倉の（マタギ）佐藤静雄さん（大正七年生まれ）が狩猟・渓流漁撈・採取・農耕といった生業要素を複合させて食素材を確保し、暮らしをたてていた昭和一〇年代の様子を聞きとりし、まとめたもの」を見ることができる。それによると、マタギの佐藤さんは水田で稲、カノ（焼畑）で大根、蕪、ソバを収穫したほか、クマ（共同で狩猟）、ムササビ、テン（貂）、ウサギ、ヤマドリ（以上、個人で狩猟）を狩猟し、マス、イワナ、ヤマメ、ウグイ、カジカ、アユを渓流で漁撈し、キクラゲ、ノキオチ、カヌカ、ワカエ、トビタケ、コウタケ、ナメコ、ウルシタケなどのキノコに加えて、ゼンマイ、ワラビ、ウド、ミズ、フキなどの山菜、さらにクリ、トチノミ、山ブドウ、クルミ、山イモなどを採取していた。

織山さんも、かなり単純化されてはいるが、同じようにして山での生活を始めていたのだ。ORIYAMAKEに宿泊した夜、織山さんはマタギの文化を描いたドキュメンタリー[*26]を見せてくれた。三十年前のものだが、すでに別世界のことに思える。厚い黒縁の眼鏡をかけた年輩の男性数名が、大事にしていたそれぞれの猟犬の皮をはいで作った毛皮のベストを身に着けている。猟犬が死んでもなお共にあるという心意気が示されているのだ（マタギはクマの皮をはいで作ったものは身に着けない。マタギ同士、仲間をクマと間違えてしまうことがないようにするためだ）。山では特別な言語を操り、クマを囲い込み、銃で仕留める。一日一頭までだ。仕留めたクマを囲んで集まり、皮をはぎ、脂肪部分のかけらを齧《かじ》りながら、食用肉を取り出す。肉は常に均等に分けられる。

クマはライフルで撃ち殺されたが、ウサギは古くもっと生々しい方法で仕留められた。カラスが羽ばたくような音を出す草を撚《よ》り合わせて作った円盤を投げ出すと、ウサギは競い合って巣に向かう。マタギはウサギたちのあとを追い、ウサギたちが飛び込んだ巣穴に仲間が来たと思われるようにして踏み入る。そして白く美しいウサギのうしろ足を次々につかみ、息の根を止める。

織山さんの話では、昔はクマを一頭仕留めれば、四人家族が一年暮らせる額が手に入ったが、今は価値が下がり、数万円にしかならない。毛皮もかつてほど需要はない。クマの毛皮はビニールの床材と取り合わせがよくないし、胆嚢《たんのう》などもさまざまな規制によって思うほど熊胆《ゆうたん》（クマノイ）の精製に使われることがなくなった（闇市場はまだ栄えている）。地元の協会に登録されたマタギの数は、一〇〇名から二十二名に落ち込んでいる。動物保護の観点では捕獲の規制は必要だが、クマの価値がこのように大幅に下がっているのは悲しむべきことだ。長い年月においてあらゆる山の贈り物に対する価値がどれほど下がってしまったか、悲しくきびしい現実を突きつけられる思いがした。

採りたてのタケノコ

八時頃、織山さん、杉渕さんとともに、タケノコのほか、途中で採取したゼンマイやシオデ（山のアスパラガス、秋田県ではヒデコと呼ばれる）や初々しいウドの茎やミズ（イラクサの一種）などさまざまな山菜で籠《かご》をいっぱいにしてゲストハウスに戻った。

山から戻ってもなお、山の豊かさに、山が与えてくれるすべてのものに、こちらが望み、必要とする天然植物を完璧に差し出してくれる山ならではの対応に、畏怖の念を感じていた。わたしはあまりに都会生活に慣れてしまっていて、順応力が欠如し、久しくこの感覚をおぼえることはなかった。自分という存在は全体の一部であり、宇宙のパズ

山菜を摘んで入れる籠

ルを作り上げる小さなピースの一片だ。全体を完成するためにわたしは形成され、わたしを受け入れて全体が形成される。

織山さんはORIYAMAKEのリビングの囲炉裏《いろり》にわたしたちのために小さな炭火を熾《おこ》し、仕事に出掛けた。残された杉渕さん、わたし、そしてわたしの妹と息子は囲炉裏のまわりのクマの毛皮の敷物の上に腰をおろし、採取してきたタケノコを何本か調理することにした。実にシンプルな調理プロセスだった。杉渕さんは囲炉裏の上に小さな金属のスタンドを立てると、タケノコを何本かひとつかみしてその上に置いた。タケノコはどれも一五センチほど、親指くらい太さで、緑とピンクの皮にしっかり包み込まれている。

そのまま炭火で十分ほど焙《あぶ》ると、皮のくすみが取れてしっとりしてきた。杉渕さんが火からおろしてわたしたちに一本一本渡してくれた。めいめい厚い皮を一枚ずつはがしていくと、水気をしっとり含んだ、黄緑色に輝くタケノコの芯が出てきた。ほくほくと焼きあがった芯に塩を振り、ひと齧りする。トウモロコシの穂先を思わせる甘く繊細な味わいだが、ほのかな渋みもある。わたしたちのまわりにタケノコの皮の山が少しずつ積み上げられていった。その日の朝、杉渕さんがわたしには登れない急な坂を上がり、スマートフォンで撮った一枚の写真を思い出した。その写真にも、人間と同じようにクマが春のご馳走を楽しみ、食べ散らかしたものが山のように積み上げられた様子が写っていた。

杉渕さんはお昼までわたしたちと過ごし、残りのタケノコを湯がいて皮をはぎ、山で採取した山菜も少し用意してくれた。そしてご飯とタケノコを入れた味噌汁を作り、タケノコと山菜の天ぷらも揚げてくれた。とてもおいしかったし、杉渕さんはいつものように予定がぎっしり詰まっていただろうが、こんなふうに皆さんと楽しく食事ができてうれしいです、と言ってくれた。わたしがこれまで家族や仲間と作った料理も、うお嘉で食した実に手の込んだタケノコ料理ももちろんおいしかったが、この朝、囲炉裏で炙って塩を振って食べた採れたてのタケノコは、最高においしかった。新鮮そのもので、実にシンプル。何より、みんなでゆっくりと味わうことができた。皮を剝いて食べたタケノコと同じように、みんなで腹を割って心から楽しむことができたのだ。

うお嘉の「鏡煮」

このレシピには、掘りたての新鮮なモウソウチクを使うことが重要。タケノコの下処理として、土のついた外側の皮を剝き、穂先を斜めに切り落とし（中のやわらかい部分まで切ってしまわないように注意）、皮の上半分に縦に1本切り込みを入れる。水が入った大きな鍋にタケノコを入れて沸騰させ、手で二、三つかみほどの米ぬかと、タカノツメを二つ加える。米ぬかは食料品店で売られていることもあるが、手に入らない場合は少量の米を加えてもよい。とろ火にしてふたをし、串を刺してみて根元まですっと通るようになるまで1〜2時間ぐつぐつ煮る。湯がいている間、鍋の表面に浮いた泡を時々すくい取る。煮汁ごと冷まし、水気を切り、皮を剝き、水で洗う（本レシピは、うお嘉のご厚意で提供いただいた）。

材料（4〜5人分）

下処理済みのタケノコ（モウソウチク）…約900グラム
出汁※…5カップ
みりん…2分の1カップ
酒…2分の1カップ
塩…大さじ1
淡口醤油…大さじ3
細く削られたかつおぶし（糸かつお）…手で四つかみ
採れたての木の芽（山椒）※※…小枝4本

※別掲「野草・海藻レシピ集」（亜紀書房のウェブサイトで閲覧可能。本書26ページ参照）の「汁物」を参照。
※※「野菜・海藻ガイド」の「サンショウ」（250ページ）を参照。

作り方

1 タケノコの根元の部分を2センチ強の厚さの輪切りにする。穂先（姫皮）は別の料理に使えるので取っておく。大きめの鍋で水を沸かす。沸騰したらタケノコの輪切りを入れ、5分湯がく。湯切りする。

2 タケノコを鍋に入れる。出汁、みりん、酒、塩、醤油を加え、5分煮る。火から下ろし、煮汁ごと冷ます。

3 鏡煮を出す前に、もう一度煮汁ごとタケノコを温める。個別の皿に盛る（一人分二切れ）。かつおぶしと木の芽を上に載せる。

第 5 章

海の四季

海藻の消えゆく伝統

名寸隅《なきすみ》の
舟瀬《ふなせ》ゆ見ゆる　淡路島
松帆《まつほ》の浦に朝凪《あさなぎ》に　玉藻《たまも》刈りつつ
夕凪《ゆうなぎ》に　藻塩《もしお》焼きつつ
海人《あま》娘女《をとめ》ありとは聞けど

笠金村《かさのかなむら》*1『万葉集』　巻第六　雑歌　九三五

徳島——天然ワカメを求めて

魚介類や海藻は日本の食文化に欠かせない

本書の「はじめに」で、民俗学者、野本寛一が示した観察について記した。

採る・拾う・摘む・掘る・獲る・漁る・穫る、という食素材獲得のいとなみは単一に行われることもないではないが、都市部や平地水田地帯から遠ざかり、海・山に近づくにつれ、とりわけ山の奥地に入るにつれて複合性を強めたと言ってよかろう。
また、時代を遡るほどにその複合性には強いものがあったと言える。

（野本寛一『栃と餅　食の民俗構造を探る』岩波書店、21ページ）

熊本や京都や岩手や秋田の山村を訪れ、さらには三重や長野で生活しつつ、時代を超えて今も残る食素材を味わうことができた。さまざまな食事を味わい、食べさせてくれるさまざまな人たちに触れ合い、天然の植物を採取して味わうには、日本の山村に住んでみることが不可欠であると教えられた。だが、野本寛一が主張した食物推移の公式の半分を担う海の産物については、どうしたことか、考えたこともなかった（引用文中の「漁る」だ）。ここで「どうしたことか」という言い方をしたのは、ほかでもない、魚介類や海藻は日本の食文化に欠かせない非常に重要なものであるだけなく、広く世界の海洋は人類が長らく格闘を繰り広げてきた、狩猟と採取の現場であるからだ。

デンマークの食物学者オーレ・G・モウリットセン[*2]によれば、陸地における植物の栽培と動物の飼育の九〇パーセントは少なくとも二〇〇〇年前から行われていたが、海産物の養殖の九七パーセントはわずか一二〇年前に始められたと思われる。[*3]そこからわかるのは、海洋に養殖場を設けるのはまだ非常に大変な作業になる、ということだ。

鳴門海峡をめざす

そんなこともあり、二〇一八年早春、わたしは日本の天然の海藻がどのように食されてきたか調べてみることにした。東京で学会を終えたあと、京都でタケノコの調査を開始するまでにたまたま数週間、四国南部の島で過ごしていたので、これが海産物を採取して食す人たちに触れられる絶好の機会になった。

幸運なことに、徳島県立博物館で海産物の研究を進める学芸員（民俗担当）にすぐにコンタクトが取れた。だが、室内に見事な大理石の階段[*4]がある徳島県立博物館に行き、学芸員の磯本宏紀《ひろのり》さんに迎えてもらうと、出羽島《でばじま》のテングサ（テングサ科の海藻。ところてんの原料）と伊島《いしま》のヒジキの収穫にはちょっと早いかもしれないと告げられた。ただ、うれしいことにワカメは今が旬だという。磯本さんが言うには、今の四国で天然のワカメを採取して食べる人はほとんどいないが、瀬戸町北泊《きたどまり》の漁村に行けば、ひょっとすると見つかるかもしれないとのこと。磯本さんに話を聞かせてもらい、博物館を後にしようとした際、北泊漁業協同組合代表理事組合長の岡本彰《あきら》さんを訪ねたらいいかもしれないと言われた。

数日後のある朝、岡本彰さんに会ってもらおうとコンタクトを取った。どうなるか見当もつかなかった。電話の岡本さんは口数が少なかった。

はい、高齢者の中には天然のワカメを採って食べている人がまだいます。でも、ご紹介はできないかもしれません。ええ、こっちに来ていただければ、いつでも時間を取りますよ。

岡本さん以外、頼れる人はいなかったから、大変ありがたいです、とわたしは伝えた。

鳴門市の瀬戸町北泊は日本有数のワカメの産地で（いかにも日本には海藻が熟成するテロワール[*5]がある）、海から採取したワカメを乾燥させる前に灰をまぶしてワカメならではの風味と食感と色合いを保つ技術を備えた町として知られている。

北泊は四国北東部に突き出た緑豊かな半島の先端の町で、青く澄んだ鳴門海峡の向こうに淡路島が、さらにはその先に神戸、大阪ほか、本州の一部が見える。

奈良時代の歌人、笠金村《かさのかなむら》は、淡路島の海女《あま》を歌にしている。

名寸隅《なきすみ》の　舟瀬ゆ見ゆる
淡路島　松帆《まつほ》の浦に
朝凪《あさなぎ》に　玉藻《たまも》刈りつつ
夕凪に　藻塩《もしお》焼きつつ
海人娘女《あまをとめ》　ありとは聞けど
見に行かむ　よしのなければ
ますらをの　心はなしに
手弱女《たわやめ》の　思ひたわみて
たもとほり　我れはぞ恋ふる　舟梶《ふなかぢ》をなみ

笠金村『万葉集』巻第六　雑歌　九三五

（名寸隅の船着き場から見える淡路島の松帆の裏で、朝凪の時には玉藻を刈ったり、夕凪の時には藻塩を焼いたりしている、美しい海人の娘子たちがいるとは聞いているが、その娘子たちを見に行く手だてもないので、ますらおの雄々しい心はなく、たおやかな女のように思いしおれて、おろおろしながら私はただ恋い焦がれてばかりいる。舟も櫓《ろ》もないので[*6]）

淡路島とのあいだの鳴門海峡は日本一流れが速く、「鳴門の渦潮」は春の大潮時には三〇メートルにも達するという。この潮の強さが鳴門海峡のワカメに非常によい効果をもたらす。渦潮が海の栄養物をかき混ぜ、水をきれいに保ち、海藻を叩いたりもんだりすることになり、ほかの場所よりも肉厚で歯ごたえがあっておいしいといわれるワカメが採れるのだ。実際、平安時代にはこの地方のワカメが貢物として朝廷に献上されていたという記述も見られる。

採れたての養殖ワカメを食べてみる

宿泊していた徳島県内の宿を出て始発電車で鳴門の中心街に向かい、くたびれたローカル・バスに乗り換えた。バスが静かな鳴門市内を抜けて郊外に出ると、急に道が細くなり、車体が道の両側のコンクリートの壁をこすってしまうのではないかと心配になる。空にさわやかな青空が広がっていた。週のはじめは雨の日がつづき、強風で漁師は沖に出られなかったが、この日はとてもすがすがしく、気持ちがよかった。

北泊に到着した。見渡す限り、何もない。店も公園もなければ、標識や看板も見当たらず、澄んだ青い空と、鬱蒼とした木立が広がる丘のあいだに、瓦屋根の家並みが細長く伸びているだけだ。時間の経過とともに緑褐色に変色したコンクリートの堤防に妨げられ、海はほとんど見えない。だが半島の先端に向かって進むうちに、堤防の隙間から漁港がちらちらと目に入った。埠頭で琥珀色に輝く海藻の山を前に、たくさんの男女が腰をかがめている。

バスの終点で下車し、半島先端近くの堤防に沿って北にある北泊漁業協同組合事務所に向かった。そこで岡本彰さんに会ってもらえるのだ。数分後に到着した岡本さんは、ぶっきらぼうに会釈して、名刺をくれた。

「海藻を見たいんでしたっけ?」と岡本さんはたずねた。

ええ、そうです、見たいです!

岡本さんはそれを耳にすると、わたしをしたがえて一台も車が停まっていない生協の駐車場を通って近くの埠頭に向かった。そこに、目のあたりまでウインドブレーカーに身を包んだひとりの女性が立っていた。脇の小さな木の船には、養殖ワカメが積み込まれている。岡本さんの指示を受けて、女性はそこからワカメを一株引っ張り出し、誇らしげに片方の先を頭の上まで持ち上げてその長さを示した。もう片方の先は船のはしごを伝って海までつづいている。ワカメの中央には細長い中肋《ちゅうろく》(一般的に茎)が走り、木の葉のように平たい葉が間隔を置いて広がり、根元をひだ状のメカブ(胞子葉)が美しく包み込む。

海藻は海水から養分を直接吸収できるから根を張る必要はない。実際、海の植物ではなく、藻類に分類される。これが理由で、ワカメの部位は植物とは少し違った名前があてられている。陸に上げられたワカメは岸辺で見苦しく身をよじるアザラシのように、なんだか不格好で汚らしく見える。ところがボタニカル・アート(植物画)を何枚か見ると、手に負えないほどからまっているると思われるワカメが、まさしくアザラシが海中では光り輝く細長い銀の弾丸に変貌するのと同じように、波打つ琥珀色の羽を広げて、高く聳《そび》え立っていた様子が描かれている。繊細で優美な葉は、海に差し込む日の光を浴びてきらきら輝いている。

女性は曲がった手鎌を拾い上げると、巨大なワカメを切り分けて、ポケットから取り出したビニール袋に詰め込んだ。

食べてみてください。

女性はウインドブレーカーで口を覆ったまま、わたしにそれを食べてみるようにうながした。

ひと口齧《かじ》ってみた。香りが鼻を突き、シャキッとした歯ごたえがあり、海の塩味が効いている。毎日の淡泊な味噌汁の味に変化を出すために何枚か入れられるワカメとはまるで違うものだった。そこを後にする際、女性はこのワカメを詰めた袋をわたしに持っていくように言ってくれた。

恐るべき早さで成長するワカメ

事務所に戻ると、岡本さんには緑茶が、わたしにはおいしそうなコーヒーが出され、わたしたちは話を始めた。

岡本さんは神戸に生まれ、幼少期はそこで過ごしたが、アメリカ軍の空襲が激しくなり、昭和二十年（一九四五年）三月に一家の故郷であるこの北泊に疎開した。当時五歳か六歳だった。

当時の北泊は今と違って田畑はほとんど見られず、丘に森林が広がり、海岸沿いに民家がわずかに軒を連ねるだけだった。四季は常に海とともにあった。まだ水が冷たく、手をつければたちまち悴《かじか》んでしまう頃、フキノトウやナズナが陸地で芽を出すのと同じように、ワカメは海中ですくすく成長して広がり、春の訪れを告げた。そして五月にはモズク、六月と七月にはテングサが繁茂し、夏にはさまざまな魚が見られるようになる。

岡本さんはこの水の世界に育ち、成人すると漁業の仕事に就いた。就職した時、生ワカメは収穫の季節を迎えていた。男性の漁師は朝早くから船で沖に出て、水の深さが三〜四・五メートルくらいのあたりに船を停め、鎌が先に付いた竹竿を手にして、海中に長く伸びるワカメを刈り取る。漁師たちは水中をのぞくために、上は空いていて底にガラスまたは凸レンズが付いた木箱をいくつか海に浮かべる。日光を遮《さえぎ》って海中をのぞくことができるこの「箱眼鏡」を積んでいれば、海藻を採取する漁船だ。

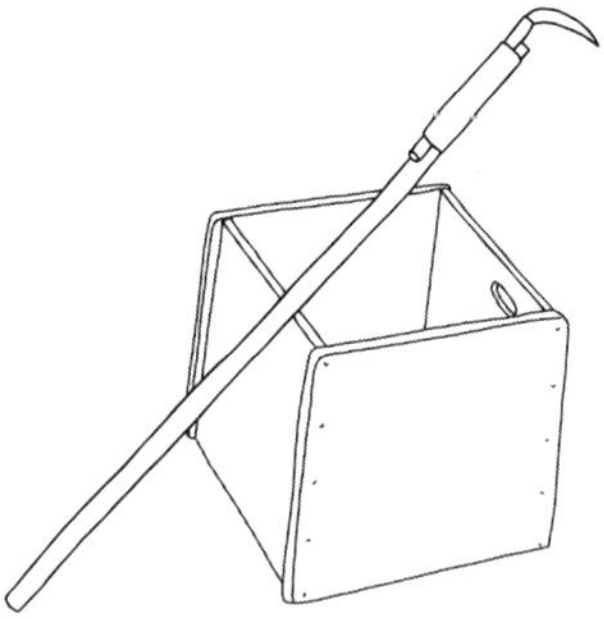
箱眼鏡と鎌が付いた竹竿

お茶を飲んで舌の回りがよくなったか、それまで無口だった岡本さんが少しずつ話を聞かせてくれた。

三十五歳の時、一九五〇年代末に東北地方で開発された技術を用いてワカメの養殖を始めた。海藻の素朴な形の養殖は日本ではすでに江戸時代から行われていたが、技術革新によって産業化されたのは二十世紀（明治時代末）に入ってからだ。水産庁によると、今日の海藻の八割以上は養殖によるものだ。この割合は鳴門市にも当てはまる。地元の食品販売促進会社の計算によれば、ワカメの養殖網のロープを伸ばしてつなぎ合わせれば、四国全土を囲めるほどになる。

ワカメの成長から採取のサイクルは陸上植物のサイクルとほぼ真逆だ。種苗糸を養成綱に巻きつけるのが十一月、冬のあいだに十分成長させて、二月、三月に収穫する。ほかの海藻も大体同じで、毎年このスケジュールとなる。そんなに早く成長するのですね、とわたしは言ったが、米より遅いです、と岡本さんの答えはそっけないものだった。確かにそうだが、稲は冬の三、四カ月で人の身長を超える高さに伸びることはない。

のちに、海藻は陸上の植物のように硬い幹や茎で支える必要がなく、精力の大半を成長にあてることができるとわかった。海藻はどれも光合成で養分を得るから、当然のこととして日光を浴びる必要があり、早く成長できれば有利な結果がもたらされる。水面に早く近づけるから、ほかの海藻との生存競争に打ち克《か》ち、日光を浴びられる可能性も高くなる。種類にもよるが、海藻は通常、陸上の温暖な気候で育つ植物の二倍から十四倍の速度で成長する。[*7] タケノコが驚くべきスピードで成長することはすでに第4章154ページで述べたが、オオウキモ[*8]はそれを上回り、世界最速の成長を誇る。

養殖に切り替えて失われたもの

いずれにしろ、養殖に切り替えることで、岡本さんと近隣の人たちに求められる仕事量も技術も増したが、同時に収穫の見通しを立てることが容易になった。天然ワカメは収穫量が毎年大きく異なり、ほかの天然食材と同じで量そのものにも限りがある。岡本さんは若い頃、近隣の人と同じように、あらゆる海産物を収穫して生計を立てていた。ワカメが不作の年はモズクやテングサのほか、各種魚の収穫を増やした。養殖に切り替えることで、毎年の収穫は安定し、海の天候に関係なく、毎日ワカメの味噌汁を食べたいという消費者の要求に応えられるようになった。だが、漁業経営モデルが変化する一方で、漁師たちの自然とのつながりにも変化が見られるようになる。かつては自然の海と折り合いをつけて、何百年、何千年と天然の海藻を採取してきた。だが、今は生産性の名のもと、水田の稲作や畑の小麦の栽培と同じように、海藻を養殖で作り出している。

岡本さんの話では、今の北泊で漁業を営む家の多くは養殖ワカメを専業とし、短い収穫期で一年分生活できる額の収入を得ているという。

海藻の養殖は環境に実にやさしい。土地はいらないし、飼料や肥料を投入する必要もなく、地上の農業に見られる有害な副産物が発生することもない。また海中の藻場《もば》にも好ましい効果をもたらす。藻場での過剰な収穫は海中の生物や藻の生命が維持、保護されているコミュニティを崩壊させるおそれがあるが、養殖によってそれが抑えられるのだ。

わたしもそれは理解していたが、北泊漁業協同組合の事務所で岡本さんから北泊でここ数年行われていることを聞いているうちに、現代の人間たちは自然の生態系を限りなく単純化しているようで、不安を覚えずにいられなかった。自然が行っていたことを変革したことで、間違いなく多くのものが失われた。

オーレ・G・モウリットセンは海藻の生産が世界中で行われることを希望する一方で、同じように懸念を示す。

「残念ながら、海藻の養殖は地球の生態系に危険がないわけではない。養殖された海藻はさまざまな野生種を押しのけ、種の多様性を低下させることになるからだ[*9]」

海藻の食用需要の歴史

日本では長い歴史において、収穫、消費される天然の海藻の種類は少なくなっていった。食物文化研究家の宮下章は、一九七四年の著書『海藻』（法政大学出版局）に、天然海藻がたどった歴史を記している。

宮下の『海藻』によると、海藻が食されていた記録は、早くは大宝元年（七〇一年）に制定された大宝律令を修正し、養老年間（七二〇年頃）に成った養老律令の賦役令《ぶやくりょう》（古代日本の租税法、全三十九条）である養老令に見ることができる。そこには八種類の海藻が調[*10]の租税として指定されていたとある。

朝廷は貢納された海藻を、文武百官（すべての文官と武官）や神社、仏寺などへ支給した。宮下は「公卿たちは、壱岐アワビ・イリコ等の高級魚介類や、ムラサキノリ、ミル（海松）のように貴重視されていた海藻類を食べることができた。ニギメは公卿なども食べた[*11]」と記している。

平安時代中期の承平年間（九三一～九三八年）に辞書『和名類聚抄《わみょうるいじゅうしょう》』[*12]が編纂されたが、この食物欄には約二十種の海藻が記されている。

また、『正倉院文書』[*13]によれば、「東大寺から十余種の藻類が写経僧に給付されている。仏教の戒律を自ら厳しく守り、精進食に徹していた僧侶にとっては、海藻類は米、調味料とならぶ必需食料だったのだ」[*14]。

だが、その後数百年は養殖が進んで海藻の種類も量も増えることで、天然海藻の採取の需要は薄れていく。

江戸時代の料理書『料理物語』[*15]（一六四三年）には、二十一種類の海藻の調理法が記されている。だが、宮下は記している。江戸時代に「全国規模で売買されたような種類はあまり多くはない。コンブ、ノリ、ワカメ、アラメ、テングサ類、ヒジキ、フノリ類の程度である」[*16]。よって、内陸の庶民は初めて海藻を食べることになるが、京阪に運ばれる場合を除けば、海外地方の産物に過ぎなかったと思われる。

日本の食文化を研究する今田節子は、『海藻の食文化』に、すでに大正後期から昭和十年頃までに地域によっては五十種類の海藻が食用とされていたし、海岸地方だけでなく山間部でも十六種類が、全国的にも五〜六種類は食されていた[*17]と記している。これによって今日の海藻の食生活の基盤が築かれたが、今では海岸沿いでも同じ五、六種類の海藻が食されるに過ぎない。ワカメの味噌汁や酢の物、コンブだし、昆布巻や糸コンブの煮物、ヒジキの煮物も、モズクの酢の物、ノリの佃煮や巻きずし、海藻サラダなど、毎日の食卓にのぼる海藻料理は限られている。言うまでもなく、ノリとコンブは海藻で生計を立てる人たちに最大の収入をもたらす[*18]。平安時代の貴族や僧侶が舌鼓を打った海藻が今日の日本の食事に受け入れられることはもはやないのだ。食事の簡素化が、生活と海中の環境の簡素化と同じように、沿岸地域の社会にも浸透してしまっている。

ワカメの水揚げ

アルデンテな歯ごたえと甘み

岡本さんはお茶、わたしはコーヒーを飲み終えると、岡本さんが、じゃあ、車で漁港を案内しますよと言ってくれた。

岡本さんは堤防の向かいに車を停めると、そこにあった隙間のひとつを立ち止まることなく通り抜けていく。手編みのセーターを着た白髪の岡本さんは、孫もいると思われる年代に見えるが、北泊漁業協同組合の代表理事組合長として大変な影響力を持つ。そんな岡本さんのあとを、わたしはおずおずとついていった。

堤防の向こう側では、人々が忙しそうに活動していた。この埠頭では、おそらく十世帯の家族が朝の収穫作業を進めていた。防水生地の作業着で、誰もが忙しそうに体を動かし、色がついた箱や運搬車を設置し、海藻を山のように積み上げている。次々と小さな船がワカメを積んで戻ってきて、順次ワカメを養殖ロープごと機械で巻き上げて陸上げする。トビやカラスが上空を舞い、おそらくおこぼれにありつこうとしている。

男性も女性もひっくり返した箱に腰をおろし、引き揚げられたワカメから葉と茎を、さらに大事なメカブを切り分けた。それぞれ大きな鍋に移され、春休みのアルバイトで来ている大学生たちが熱い湯の中でかき混ぜる。数分湯がいたあと、冷水にさらし、プラスチックの籠に押し込んで水分を切り、小さなコンクリートミキサー車のような装置に入れて、塩を振る。塩漬けされ、半乾燥されたワカメは切り分けられ、パックに詰められ、三、四か月の賞味期限で塩蔵ワカメとして販売される。乾燥ワカメに仕上げれば、さらに長い賞味期限で売り出せる。採れたての生ワカメも食べられるが、収穫後一日か二日以内に限定されるので、主に漁港周辺の町や村で旬の食材として楽しまれることになるようだ。

埠頭に残っていると、白髪交じりのよく日焼けしたひとりの老人が船で戻ってくるのが見えた。船首には箱眼鏡が置かれ、船内にワカメが山のように積まれているではないか。天然ワカメを採る漁師はまだいるのだ！

岡本さんがその男性に、わたしが船に積んでいるワカメに興味があると告げると、男性は意味ありげな笑みを浮かべて、こいつは養殖ワカメよりずっとうまいんだと言った。男性はナイフを引き抜いて、大きなひとつかみを切り分けると、持って帰って家で食べるようにと渡してくれた。そして（わたしの胃袋がおそろしいことになるかもしれないが）、ひとつここで食べてみなさい、と言った。食べ比べできるように、近くで詰め込み作業していた人からすぐに岡本さんが養殖ワカメを一パックもらってきてくれた。

食感が明らかに違った。養殖ワカメは葉に小さな穴や細かい毛のようなものがわずかに見られるが、基本的になめらかだ。一方、天然ワカメはアイロンをかけていないシーツのようにごわごわしている。養殖ワカメは絹のようにやわらかな感じだが、天然ワカメは固くて歯ごたえのあるアルデンテ・パスタに近いようにも思える。

天然ワカメを分けてくれた漁師に、正直、違いははっきりわからなかったが、養殖ワカメより味がまろやかで、甘いように思います、と言った。漁師はわたしの言葉に満足したようで、船から天然ワカメを降ろす作業に戻った。

生ワカメのしゃぶしゃぶ

埠頭を離れる頃には岡本さんはすっかりわたしに打ち解けてくれていて、隣の北灘町《きたなだちょう》に、漁業協同組合が運営する食堂[*19]があるから、車でお送りしますよ、と言ってくれた。先ほど生ワカメを食べたばかりだからお腹が心配で、一瞬ためらったが、この機会を逃す手はない。お腹はどうなってもいいと思い、乗せていってもらうことにした。

車は丘を越えて内陸を進んだ。カーラジオから郷愁を誘う演歌が次々に流れる車内は、強い海のにおいに包まれていた。岡本さんは半島の北に出ると、沿岸を並行に走る風の強い国道[*20]に入り、食堂の前で車を停めた。そこでわたしを降ろし、先ほどもらった生ワカメの大きな袋を三つ手渡してくれると、じゃあ、ここでお昼を楽しんでください、と温かい言葉を残して去っていった。

ビニール製のクロスがかかったテーブルで、注文を受けたウェイトレスはおかしな客だと思ったに違いない。魚のお頭《かしら》とワカメの煮つけ、ワカメの味噌汁の「大」、生ワカメのお刺身……。たったひとりで「ワカメ」と名の付くメニューをほとんど頼んだのだから。

生ワカメのお刺身は湯通ししたワカメの山に、醤油と粗おろしのワサビを添えたものだった。先ほど漁港で口にして圧倒されたあの天然ワカメの刺激的な風味は、おそらく厨房の鍋で湯がかれて消えてしまったのだろう。舌はやや物足りなさを感じたが、胃にはとてもやさしかった。

その晩、岡本さんが勧めてくれた簡単にできる生ワカメのしゃぶしゃぶを、宿で同行者たちとおいしくいただいた。ワカメを水通しして、七センチから一〇センチぐらいに切り分けて大皿に並べる。テーブルに携帯コンロをセットして、昆布で出汁をとった湯をいっぱいに張った土鍋を置く。そしてしゃぶしゃぶのように、切り分けたワカメを各自煮たった湯にさっとくぐらせるのだ。湯につけると、琥珀色のワカメがたちまち鮮やかなエメラルドグリーンに変わる。それは魔法のようで、わたしたちは気づけばワカメを次々に湯にくぐらせて、手元の器に注いだポン酢醤油につけて、口に運んでいた。

四国の天然ワカメの調査は思うように進まなかったが、おかげで最後にいい思いができた。

石川・能登——歴史と生きるアマ

二〇〇種を超える海藻を育む豊穣な海

日本には今も天然の海藻の採取が盛んな場所がひとつある。石川県の能登半島だ。切り立った断崖がつづき、波の荒い能登半島沿岸には、二〇〇種以上の海藻が確認できる。地元の人たちはそのうちの三十種を採取して食し、十種以上を販売している。この数字から、能登半島周辺では日本のほかの地域ではまず見られない豊富な種類の海藻が採れることがわかる。能登についで天然の海藻の採取が多いのは、伊勢神宮で知られる三重県の伊勢志摩だ。伊勢神宮では少なくとも一〇〇〇年以上前の平安時代から神々に海藻が献上されてきたが、それでも能登半島の海藻の収穫量に比べれば、約半分に過ぎない。

四国の北泊を訪れて一年余り、能登半島の調査は幸運なことに石川県水産総合センターで海藻を研究する池森貴彦さんに案内してもらえることになった。池森さんによると、能登の人たちは、海藻は神に捧げるものではなく、自分たちが食べるものと考えている。この国のいたるところで食されている天然植物の文化に近いとのことだ。その土地の知識に基づく文化とも言える。

「どこに行けばどの海藻が生えているかわかるんです」と池森さんは話してくれた。

能登半島周辺で熟練した技術で海藻を採取するのは、「アマ」たちだ。大昔から先祖がつづけてきたように、アマたちも素潜りし、海から貝や海藻を採取して生計を立てている。古代の日本にはどこの沿岸地域にもアマがいて、海藻を採取して食物にするだけでなく、海藻を燃やして栄養豊富な藻塩[*21]を精製していた。

名寸隅の　舟瀬ゆ見ゆる
淡路島　松帆の浦に
朝凪に　玉藻刈りつつ
夕凪に　藻塩焼きつつ
海人娘女　ありとは聞けど

アマをうたった『万葉集』第六巻九三五番の笠金村の歌はすでに引用したが、『万葉集』にはほかにも魅惑的な若い女性のアマを歌ったものが見られる。おそらく当時の人たちには彼女たちが人魚のように見えたのかもしれない。

アマは能登以外の地にもいた。宮下章によると、その昔（少なくとも七世紀より以前）、千葉の市川の真間《まま》の入り江付近に、海藻を刈って暮らしている美しい海女《あま》の乙女がいた。彼女の名前は

「手児奈《てこな》」。手児奈はふたりの若い男性から同時に求愛されるが、どちらも断ることができないやさしい乙女だった。悩み重ねた挙句、自らの生命を絶つ以外ふたりの愛に報いる道はないと決意する。そして生涯愛した真間の入江の沖深く、美しい珠藻が生える海底に身を沈めてしまう。手児奈の哀れにもけなげな心根は語り継がれ、飛鳥時代に万葉歌人の心を強く打つ。山部赤人《やまべのあかひと》は手児奈の死を悼んで次の歌を捧げている。*22

葛飾の真間の入江うちなびく
玉藻刈けむ手児名し思ほゆ

山部赤人（『万葉集』第三巻四三三番）

アマという仕事

女性のアマは昔から歌人や作家の目を引いてきたし、今も新聞やテレビでよく取り上げられる。そこでアマは女性だけという印象があるかもしれないが、実際は「海女」のほかに、「海人」や「海士」とも表記され、昭和九年（一九三四年）の調査ではこの国に一万七〇〇〇人の男性の海士と、一万人の海女がいた。以来、その数字は鳥羽市立海の博物館の資料によると、男女あわせて二〇〇〇人まで落ち込み、多くは六十歳以上になっている。能登には三重に次いでアマが存在し、中でも石川県輪島市にもっとも多く見られる。

アマはかつて腰に褌《ふんどし》を、頭に手拭いを巻くだけで海に潜った。これが古代の歌人たちに訴えるものがあったと思われる。今日ではウェットスーツに潜水マスクか磯眼鏡《いそめがね》を着けているが、酸素ボンベやスキューバ器材に頼ることなく、強靱な肺とすぐれた潜水技術によって海底に到達する。ひとりで海に潜ることもあるが、夫婦か母娘のふたりで行うことが多い。ふたりで行う場合、ひとりがボートを安定させ、もうひとり（夫婦であれば、通常は妻）が最大水深一八メートルくらいまでまっすぐに潜る。ロープの先には浮き輪をつけているが、降下を速めるために岩を括《くく》りつけることもある。季節も潜る場所も問わず、一分ほどでワカメ、アラメ、アワビ、ナマコ、ウニなどを採取し、息をするために海面に戻る。なかでもアワビはもっとも貴重な漁獲物だ。

つばき茶屋

雨の月曜日、海藻研究者の池森貴彦さんの案内で能登半島を見てまわったあと、石川県珠洲《すず》市でアマ（海女）の番匠《ばんしょう》さつきさんと漁師の旦那さんが経営するつばき茶屋に連れていってもらった。池森さんはこの地域ではよく知られた海藻研究者だが、もじゃもじゃの髪、フクロウを思わせる大きな眼鏡、持ち前の明るさで、学者によくある威圧感はまるで感じさせなかった。

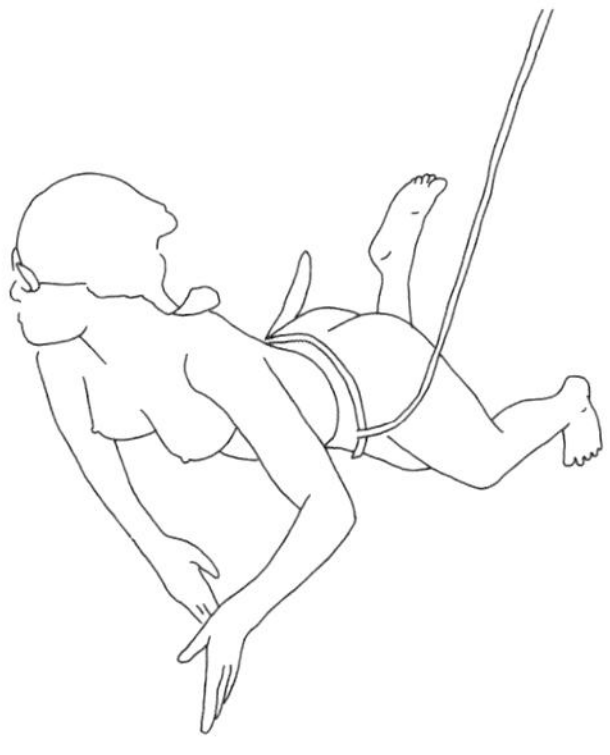

戦前のアマ

つばき茶屋に到着する頃には、基本的な世界観を共有することで生まれる心地よさを池森さんに直感的に感じていた。ここではそれは植物（あるいは池森さんの場合は海藻となる）に対する愛であり、植物（と海藻）と人間の関係が将来危うくなるかもしれないという不安だった。

つばき茶屋は切り立った丘の中腹にあり、その下に岩が突き出した海岸が広がる。そこから番匠さつきさんはよく海に潜るという。店の壁には流木、貝殻、模型船などが飾られている。そして小さな木製の樽《たる》に浜辺で集めてきた石がいっぱいに詰め込まれていて、その石一個一個に食事や飲み物のメニューが記されている。客はそれを選んで注文するのだ。

池森さんはわたしが来店するとさつきさんに知らせてくれていたはずだが、さつきさんの姿は見えなかった。代わりにさつきさんの成人した娘さんがカウンター越しに迎えてくれた。番匠さとみさんだ。

「さとうみ（里海）に名前を変えようかなって思ってます」とさとみさんは笑いながら言った。里海。あの長野のC・W・ニコル・アファンの森で見た半分天然林、半分栽培林の「里山」につながる言い方だ。「里」は「村」を示すが、ここではこの字が「海」とつながっている。「里海」は昔から保護され、環境が整えられ、住民に食物や生活必需品を提供できるように変えられた沿岸部を示す。能登半島は里海としてよく知られている。国際連合食糧農業機関が「里海」という言葉を受け入れたのは、二〇一一年、同機関が「能登の里山里海」を世界農業遺産に認定した時だ。

数分後、番匠さつきさんがおずおずと厨房から出てきた。今朝も潜ってきたそうで、藍染のエプロンとブラウスを着ているが、まだピンクの長靴を履いている。池森さんが、この人がさつきさんに海藻について聞きたいことがあるそうだと言って、わたしを紹介してくれた。

「何か話せるかしら？　サザエを採るために潜ってるだけなんです。それ以外はわたしたちには『藻』としか思えないんだけど」さつきさんは海藻と藻類の一般的な日本語の言い方を口にした。

池森さんは何年も前からさつきさんと知り合いで、さつきさんは恥ずかしがり屋だが、地元の海藻のことをよく知っていることもわかっていたから、もっと話してくれるようにやさしくうながした。

「まあ、味噌汁にカジメを入れますけど、岸に打ち上がってるのを集めてくるだけです。ワカメを採りに潜ることはあります」と、さつきさんは海藻についても少し話してくれた。

わたしは、カジメは食べたことがないです、とさつきさんに言った。

「すごくぬるぬるしていて、ちょっと苦いんです」と娘のさとみさんが教えてくれた。「お客さんに体にいいと知ってもらわないといけません。でないと、ぬるぬるした気持ち悪そうなものって思われちゃうから。でも、このあたりでは、ぬるぬるしてないと海藻じゃないです」

わたしにはあまりおいしそうに思えなかった。

「うまく説明できないかも」とさつきさんは言った。「試しに食べてみたらどうですか」さつきさんはそう言って厨房に入っていった。

見晴らし窓の向こうでは雨が上がり、雲間から降り注ぐ日の光が丘のずっと下に広がる大きな椿《つばき》の茂みを照らし、海をきらきら輝かせている。店内の壁に掛かる二枚の白黒写真に目が留まった。昭和三十五年（一九六〇年）の水中写真で、三人の海女が写っていた。筋肉たくましい半裸の海女たちはアワビを求めて海に潜っている。

「わたしのおばあちゃんも同じようなことをしていました。わが家の女性たちは代々、海女でした」とさとみさんは話してくれた。

能登で海に潜るのは大体女性で、男性は船を出して魚を獲ったり海藻を収穫したりする。実際さつきさんとさとみさんは海に潜り、さつきさんの旦那さんは漁船を持つ漁師だ。だが、さとみさんの友達にさとみさんのような人はいない。さとみさんの世代で海に潜ってみたいと思う人はほとんどいないそうだ。

さつきさんが湯気を上げる味噌汁の入った赤い漆の椀を運んでふたたび厨房から出てきて、わたしの前に置いた。透明な粘液のようなもので包まれた固い緑色の海藻が汁に浮かんでいる。一口飲んでみた。カジメは予想した通りぬるぬるしていたが、意外にまろやかな味わいだった。

「もっと苦いこともあるんですよ」と娘のさとみさんは言った。「岸に打ち寄せる波で苦味が消えます」

なるほど、だからさつきさんは海に潜ってカジメを採ってくるのではなく、岸に打ち上げられたものを拾ってくるのだ。それに、アワビはカジメをよく食べるので、アマたちは昔から海中のカジメには手につけないでいた。

「アワビを採りに潜るのなら、アワビだけ見ていなければなりません」とさつきさんは言った。

「すべてを終えて家に戻るときモズクを少し集めることはあるけど、自分が食べるだけです。海藻は趣味みたいなものだから」

さつきさんとさとみさんから海藻のことについて教えてもらっているうちに、なんだか自分が石のスープの話[23]に出てくるお腹を空かせた旅行者のような気持ちになった。

アマの島

さつきさんは窓の外を指した。

「わたしはあの島で生まれ育ちました」とさつきさんは言って、双眼鏡を渡してくれた。

地平線上の小さな隆起が、双眼鏡越しにかすかに目に入った。

舳倉島《へぐらじま》[24]、アマの島。

海岸から五〇キロメートル弱のこの小さな岩島の周辺の海では、アワビ、サザエ、ワカメ、さらにはさまざまな種類の魚が大量に獲れる。

水がとても澄んでいるから、海中に一三メートル潜った人の姿も見えます、とさつきさんは話してくれた。その一方、舳倉島では稲作や野菜の栽培はまったくできない。アマは塩漬けした貝を米と交換し、ほかの食料は海から集めていた。

「あそこでヘシコ[25]とアワビの塩漬けとサザエで育ちました」とさつきさんは言った。「そしてもちろん藻です」

舳倉島は四五〇年ほど前に九州北西の沿岸からアマが移住してくるようになり、島として成立した。移住したアマたちは能登の加賀藩主にアワビを献上し、見返りに舳倉島を、さらには冬のあいだ生活する輪島内の土地を与えられた（一九五〇年代まで、舳倉島はある季節しか人の住まない島だった）。舳倉島は現在石川県輪島市海士町《あままち》に属しているが、アマたちはこの島を「土地」を意味する「天地」と呼ぶ。舳倉島には九州出身の船乗りの子孫が今も住んでいる。

すでに一人ひとり別のトレイに載せた昼食が出されていた。ブリのかぶと煮、白身魚の酢じめ、大根の生姜醤油漬け、カジメの細切り、フダンソウの煮びたし、ポテトサラダ、味噌汁、ご飯、キャベツの酢漬け、タケノコの煮物がトレイに載っている。さつきさんが子供の頃に食べた簡単な食事とはまるで違うものだろうが、それでも真ん中に、わたしのために特別に用意してくれた一品があった。

塩気が効いて濃厚な味のヘシコ。

海の味がした。

つばき茶屋を後にする前、池森さんはさつきさんにこれまで採取した海藻について、ふたたびたずねた。

「ええと、カジメとワカメとモズク、それからもちろん岩ノリ、ツルモ、ウミゾウメンですね」とさつきさんは指で数えながら教えてくれた。

カジメだけだった海藻のリストが、いつの間にか増えていておかしかった。

大きなものを失いつつある

海藻の町

このあと午後は池森さんの車に乗せてもらい、海岸沿いを通って輪島の中心部に向かう。最後は今日わたしが泊まる内陸の宿まで送ってくれるという。車中で海藻のこれまでのことと、これからのことについて、話を聞かせてもらった。

先ほどは番匠さつきさんとさとみさんが時折海藻を集めるという岩場をつばき茶屋からはるか下に見下ろしていたが、店を後にすると、車はその岩場をゆるやかなカーブを描いて通り過ぎた。さつきさんたちの村落を後にし、さつきさんの旦那さんの漁船が停泊する小さな港も通り抜けた。小雨がぱらつく中、絵のように美しい海岸通りを車は進んでいく。民家のほとんどは伝統的な日本家屋だ。木の塀で囲まれ、黒い瓦屋根は雨に濡れてかがやき、小さな庭はタチアオイの花が満開で、タマネギやジャガイモの花も開いている。海に面して立ち並ぶ民家は、細い竹を隙間なく並べて作った高い間垣[*26]によって風から守られている。間垣の先は擦り切れていて、逆さにしたほうきを一列に並べて空に向かって突き上げているようだ。

　能登は昔から貧しい土地だったのでしょうか、と池森さんにたずねた。池森さんは、漁業が盛んですからやっていくことはできましたが、海岸の冬の寒さはきびしいので、冬になると遠く離れた町に出稼ぎに行って生活費を補塡しなければならない人もいました、と話してくれた。

　池森貴彦さんは能登半島の内陸部に生まれ、幼い頃には海岸沿いで友達と海藻を集めたりして遊んでいたが、その後家族で神奈川県に移住した。能登のことをずっと忘れず、大学でテッポウエビを研究したあと、能登半島周辺の海藻の分布・生態を研究対象にすることにした（池森さんのお父さんも海藻学者だった）。池森さんは能登半島に繁茂する海藻を定期的に観察していて、ひとつの調査を完了するまでに百か所以上の海岸に潜るという。

　最近池森さんが研究を進めているのは、地域の「アマモ場」（アマモの仲間で構成される藻場）、「ガラモ場」[*27]（ホンダワラで構成される藻場）の衰退状況だ。「アマモ場」も「ガラモ場」も魚や甲殻類の重要な生息地だ。現在アマモ場は気候変動による夏の海水温度の上昇が懸念され、ガラモ場は汚染が進んでしまっている。池森さんはほとんどの時間、外で仕事をしている。実際、能登半島を訪れる前に、石川県水産総合センターに電話して池森さんに連絡を取ろうとしたが、つながらなかった。また、池森さんは家庭でも奥さんと天然の海藻をいつも好んで食しているという。

地元の海藻産業を活性化したい

車で西の輪島に向かいながら、池森さんはスピードを落として、岸を指さした。見ると、岸のあちこちの岩場にコンクリートが塗りつけられている。海苔《のり》の成長をうながそうということらしいが、池森さんは疑問を示した。

「自然を取り戻すことはできないです」と池森さんはいつもの穏やかな口調で言った。

養殖を進めれば、人工物を海に入れることは避けられない。だが、池森さんの判断では、能登半島の天然海藻は採取しても今後問題ないと思われる量の一割しか収穫されていない。この観点から、養殖を試みるより、天然の海藻を採取するほうが環境にずっとやさしいと池森さんは信じているのだ。そこでわたしはたずねた。なぜ天然の海藻が豊富に採れるのに、養殖が進められるのでしょう？

池森さんの考えは、四国の北泊で岡本さんが話してくれたことと同じだった。

「おそらくある時点で天然の海藻だけでやっていくことが経済的に成り立たなくなるからです。それがいつかはわかりませんが」

輪島市で小さな水産物加工店、輪島海美味工房に立ち寄った。ここで新木《しんき》順子[*28]さんが数名の女性たちと輪島港に揚がる鮮度のよい海藻を特産品に加工しているのだ。お茶とお饅頭《まんじゅう》をいただきながら、新木さんはここで海藻を食べて育ったし、こうやって水産加工物を販売することで地元の海藻産業を活性化したいと話してくれた。そんな新木順子さんを池森さんはとても頼もしく思っているようだ。車の中では新木さんのことをただ「海藻の好きな女性」とだけ言った。しかし池森さんは新木さんのような人を、できる限り支援したいと強く思っているのだろう。この能登でも、天然の海藻を採取する文化が衰退していると感じているからだ。

「新木さん世代の女性たちがいなくなると、この文化は消滅してしまうのではないかと心配になります」と池森さんは話してくれた。「あの人たちは海藻を採取する知識をお持ちですが、人々の生活形態が変わって、次の世代に伝えられていないのです。あの女性たちがいなくなってしまうと、天然の海藻の文化も消えてしまうかもしれません」

これによって地元の食生活が損なわれるのみならず、海洋の健康を取り返しがつかないほど害することになりかねないと池森さんは懸念する。なぜなら、天然の海藻を収穫することで、人々は海を知り、海を大切にすることになるからだ。

「この関係性が崩れつつあります」と池森さんは言う。「海が単に潮の流れの出入りする場所になり、ただ見学する対象になれば、人々は海を大切なものとして扱わなくなります」

池森さんは信じている。地元の人たちが海の資源を健全に利用し、それによって一人ひとりが海を大事にしたいという気持ちになることで、海を守る倫理が最大限育まれる。海はそんな人たちの台所や食事の一部になり、体そのものの一部にもなる。

池森さんの言葉はわたしにもあてはまる。わたしは家のすぐ近くの草におおわれた鉄道用地と個人的につながっている。そこでわたしはブラック・ラズベリーと桑の実を摘むからだ。地元の州立公園の小川とつながっている。そこに行けば、クレソンが見つかるからだ。小川の一六キロメートル下流の森の一部とつながっている。ピーカンナッツを求めてリスと競争できるからだ。こうした場所のために、わたしは戦う。自然を守りたいという高尚で抽象的な思いの理由を挙げ連ねることはできるが、自然に対する最大の愛は食べ物から来ていることは否定できない。それは私だけではないと思う。池森さんも海の美しい景色よりも海藻を後世に伝えたいという思いのほうがおそらく強いのだ。

わたしの宿に向かって車は海岸沿いの道を進んでいった。左手に穏やかな海がどんどんスクロールしていく。池森さんの言葉の重みを強く感じていた。能登半島は途方もなく大きなものを失おうとしている。

能登の天然海藻採取の文化が本当に消滅したら、日本のほかの地域に残るものと何ら変わらぬくらいまで衰退してしまえば、どうなってしまうか？　それによって、「何を、いつ、どこで」行うかという常に変化しつづける膨大な知識が失われるだろう。悠久の時間の中で、ごく少しずつ蓄積される特別な知識が消滅してしまうのだ。それは科学者やジャーナリストや文献だけで守れる知識ではない。文化や食事や特定の地に対する愛情に刻み込まれた、生きた知識にほかならないのだから。そんな知識が天然の海藻にも、天然の山菜にも、不可欠なのだ。

北泊の「生ワカメのしゃぶしゃぶ」

卓上コンロに土鍋をかけて出汁を沸かした中に、薄く切った野菜、肉、魚などをさっとくぐらせて食する鍋料理、しゃぶしゃぶ。ほとんどの日本の家庭には、小型カセットガスを燃料とする一口コンロがある。こうした卓上コンロは、具材を大皿から鍋の出汁、そして口へと数秒で運んで食べる鍋料理に欠かせない。ワカメのしゃぶしゃぶはとても簡単で、鍋に張る水、たくさんの生ワカメ、一〜二種類のつけダレがあればいい。ここでは公益財団法人いしかわ農業総合支援機構の発行した能登半島の海藻料理の小冊子にあるものを少しアレンジし、次のレシピをこしらえてみた。

材料（4人分）

生ワカメ
シイタケか大きなマッシュルーム…8個
ニンジン…1本
ダイコン…2分の1本
木綿豆腐…一丁
豚しゃぶしゃぶ肉（お好みで）…200グラム
出汁用の乾燥コンブ…15センチ角
水…6カップ
酒…4分の1カップ
塩…小さじ1杯半
うどん…2玉
つけダレ用のポン酢（醤油とレモン汁でも可）
つけダレ用のゴマ油（お好みで）

作り方

1 ワカメを洗って10センチくらいの長さに切る。シイタケの軸を取る。ニンジンとダイコンをピーラーで薄く長いそぎ切りにする。豆腐の水を切って、八等分にする。大皿に鍋の具材をきれいに並べる。豚肉も使う場合は別の皿に並べる。

2 土鍋か大きなシチュー鍋に出汁のためのコンブ、水、酒、塩を入れて、卓上コンロの火をつける。各自に小さな椀などの器を用意して、好みのつけダレを少量注ぐ。

3 出汁が沸騰したら、弱火にする。各自、大皿から具材を箸でつまみ、出汁の中をさっとくぐらせて火を通し、自分の器のタレにつけて食べる。具材を全部食べ終わったら、食事の締めに旨味たっぷりの出汁でうどんを軽く煮る。また、出汁を使って翌日の朝食に味わい深い雑炊を作ることもできる。出汁を沸かして、出汁1カップにつきご飯一膳を加え、弱火で5分煮て、取り分ける直前に溶き卵2個分を入れてよくかき混ぜる。

最終章

キナ　ハル　ク＝カラ　ワ／
ク＝コロ　ワク＝アラパ　ヤッカ／
ナイコロカムイ／シリコロカムイ
アプカシ＝アンヤッカ／エプンキネ
ワ／ネプ　ネ　ヤッカ／
ポロンノ　ク＝ウク　ワ／チセ　オロ　タ
ク＝アラパ　ヤクネ／アイヌ　パテク
エ　クス／ク＝キ　シリ　ソモ　ネ
ナンコロ／ホシクノポ／フチ　アペ
パロオスケ　クス／ク＝カラ　ワ
ク＝エク　ネ　クス／ナイコロカムイ
／シリコロカムイ／エプンキネ／
エン／コレ　ヤン

天然食物と共に生きてきたアイヌ

潮の神よ　地球の神よ
自然植物を集めてここを歩むわれらを護り給え
草木をたくさん摘んで家に持ち帰っても
人間が食すだけにあらず
われらは自然の草木を採取し
最初に火の女神に調理するなり
だから願い給う
潮の神　地球の神よ
われらを護り給え

二風谷《にぶたに》のアイヌが毎春最初に山菜を摘む際歌う祈りの言葉
（及川直美さんにお知らせいただいた）

北海道——狩猟採集とアイヌ民族

アイヌによる天然食物の食し方

アイヌは北海道に残る日本の先住民族だ。現在のアイヌは北海道（蝦夷地《えぞち》）に居住する少数民族で、「和人」[*1]とほとんど区別がつかない。およそ一五〇年前に明治政府が蝦夷地の開拓に着手したことで、本土から和人が自分たちの農耕文化を携えてアイヌ民族の聖地に入り込んできたのだ。アイヌは自然界からの狩猟採集を食生活の補助的なものとする農耕文化を形成せず、最近まで狩猟採集に頼り、穀物はごくわずかしか摂らなかった。[*2]

明治政府は数十年におよぶアイヌ民族の同化政策を行い、アイヌの狩猟採集文化を一掃しようとしたが、最終的にはうまくいかなかった。アイヌの人々が自分たちの文化を守ろうとしたからである。アイヌの人たちは天然の動植物の知識を十分に備え、アイヌモシリ（アイヌ語で「人間の静かなる大地」を意味する）の生活を長いあいだ維持してきた。その知識を今は次の世代の者たちが受け継いでいる。だが、どうしたことか、アイヌの食文化を日本の野外観察図鑑や自然食の料理本で目にすることはほとんどない。わたしもこの最終章の限られたページでアイヌの食文化の奥深さを正当に紹介できるとはとても思えないが、彼らの食文化に興味を持つ読者に道を切り開きたいと願いつつ、この国のまた別の天然食物の食し方を紹介し、本書を締めくくることにする。

伝統を伝える人たち

二〇一八年三月下旬、北海道を訪れ、アイヌの伝統的な食文化の記録と保存に取り組むふたりのアイヌの女性に会った。長野環さんと及川直美さんだ。長野さんと及川さんは平取町《びらとりちょう》によって設置された「アイヌ文化環境保全対策事業」[*3]に名を連ねている。同事業は北海道沙流郡《さるぐん》平取町二風谷《にぶたに》の平取ダム建設に伴い、ダム建設予定地周辺におけるアイヌの文化的所産に与える影響を調査し、その評価と対策案の提示などを行う。事務所は、アイヌの人たちがもっとも多く住むといわれる二風谷にある。地質学者の中村尚弘[*4]によると、アイヌ民族は紀元前二〇〇〇年頃から二風谷に住んでいたという。この二風谷は二十世紀アイヌ伝統文化振興運動の中心地となった。

列車で東京から北上し、二風谷にたどり着くには丸一日かかった。無計画に建設が進む大都会の街並みを離れると、乗客は少なくなり、窓の外に色濃く自然が広がる。

本州と北海道をつなぐ長い海底トンネルを抜けると「おいしい料理と美しい自然」が楽しめる北国であった。極北の古典浪漫の国に入ったのだ。

だが、翌朝、札幌から電車とバスを乗り継いで二風谷に向かうと、荒涼とした風景が待ち受けていた。雪はほぼ解けていたが、野原にも森にも緑は少しも見えず、大地のかさぶたのようなくすんだ灰色の町が次々に目に飛び込んでくる。

「ユーカラのふる里　二風谷　びらとり町」と記された色褪せたえび茶色の看板が見えた。ここがアイヌの口承文学の聖地だ。

及川直美さんが午後まで不在だったので、午前中は平取町のアイヌの博物館を二館[*5]、見てまわった。アイヌの美しい民族衣装と木製の盆の大胆な曲線模様に驚かされ、さらに二風谷のアイヌの人々がひとつになって歌い、踊り、祈り、笑顔を浮かべる姿をとらえた古い写真に目が釘付けになった。頭ではなく、体で感じていた。いま目にしている北の文化は、自分がこの国で長いあいだ触れてきた本州の文化とはまるで違っていた。

午後、平取町アイヌ文化情報センターの事務所の一室で、折りたたみ椅子に腰をおろし、長野環さんと及川直美さんに話をうかがった。黄色いハーブティーのほか、茶色い紙袋から乾燥したワラビ（アイヌ語でトワルンペ）とニリンソウ[*6]（アイヌ語でプクサキナ）も出してもらい、それをつまみながら話を聞かせてもらった。

長野さんも及川さんもすでに孫がいるが、どちらも長い黒髪を背中まで伸ばしている。だが、性格はまるで違うようだ。長野さんは笑みを絶やさず、面白い話が次々に口を衝いて出てくるが、及川さんは絶滅の危機にあるアイヌ文化を厳《おごそ》かに継承する者という自負があるのか、終始真面目な態度を崩すことはなかった。

及川さんの話では、二風谷では海岸から沙流川を上がってきた鮭《さけ》がかつてはもっとも重要な食物だった。生活の中心を担う食物だったことから、鮭を意味するアイヌの言葉シペ（シ・イペ）は「本当の食べ物」という意味だ。鮭は一七キロメートルも川を上ってくるので、二風谷にたどり着くころにはすっかり肉が削げ落ちてしまっていて、内臓を取って炉の中に吊るして乾かせば、十年は保存できると言われた。草地には今日の牛と同じくらい多くの鹿がいた。男たちは猟犬をしたがえ、ヒグマを探して何日も山の中を駆けまわった。

女性と子供たちは、山菜（アイヌ語でキナとかオハウコプ）、根、木の実、天然の果実を集めた。二風谷のアイヌにとっていちばん重要な植物は、縁がギザギザでやわらかい葉を持ち、白く可憐な花を咲かせる小さな林床《りんしょう》植物のニリンソウと、強い香りのギョウジャニンニク（アイヌ語でプクサ。「野草・海藻ガイド」245ページ参照）だ。どちらも長い冬のあいだに食べられるようにたくさん採取され、乾燥、保存される（アイヌは伝統的に夏と冬を中心に生活をとらえた）。

ユリのような花を咲かせるオオウバユリ[*7]（アイヌ語でトゥレプ）の球根は採取されてデンプンに加工され、きめ細かいものは儀式などで供される団子に使われ、粗いものは日常食にされた。加えてほかにも多くの天然植物が採取され、薬や調味料のほか、さまざまな料理の材料に使われた。言ってみれば天然の食物が純粋な食物として、物がない時代も、恵まれていた時代も、穏やかな時代も、常に受け入れられてきたのだ。目が覚める思いだった。というのは、これまで「和人」の狩猟採集文化を調査してきたが、天然食物は飢えた時代の食べ物なのか、それともあまり手に入らない価値ある食べ物だったのか、ずっと考えさせられてきたからだ。

熊本の花岡玲子さんに薬草の話を聞き、宮廷の調理人が新年の式典で天皇に献上した七草粥《がゆ》について思いめぐらし、岩手の雪山で平安時代の貴族も舌鼓を打ったというワラビ餅を作って見せてもらった。

だが、同時に飢えた時代の村人たちの栄養源であったトチノミのピリッとした苦味を舌に感じ、農夫の息子にワラビでいかに飢餓をしのいだか聞かせてもらった。

日本の農業文化が、ふたつの相反する天然食物のどちらの役割も根底から作り上げたのだ。天然植物は米が不作の時も手に入ったから、飢饉時の食物になった。同時に、栽培植物と違って採取時期が限られることからありがたがられ、贅沢な食物になった。

だが、ここ二風谷で思いつつあったのは、自然界で狩猟採集される動物も植物も、農業と関連づけて定義されるものではない、ということだ。

動物も植物も自然界から得られるもので、それだけのことだ。

このように考えると、二風谷の動植物の狩猟、採取の仕方は、両者（天然植物は時に飢餓をしのぐものであり、時には贅沢品にもなる）をつなぎあわせるものである、と一層強く感じた。

及川直美さんによると、現代のアイヌや和人は天然植物から灰汁《あく》を必ず抜くが、昔のアイヌはそうではなかった。そのままの状態で口当たりがいいものを選び、何も加工せず食したという。

「肉をご馳走してくれるのなら塩で食べさせて」[*8]

京都で手にしたある本に、アイヌの女性が口にしたその言葉が記されていた。この女性の言葉は、長野環さんと及川直美さんが唱えるアイヌの重要な食事哲学に通じるものがある。

食物の風味は自然に与えられたとおりに受け止めるべきであって、調整されたり、消されたりする必要はないのだ。

日本の主流な調理法の背後にも似たような哲学があるように思えるかもしれない。確かに日本料理は素材本来の味わいを生かすことで知られる。だが、多くの日本の家庭料理はしっかり味つけされ、日本の料理人は野草や木の実を調理するにあたって「好ましくない」風味やえぐみを取り除くためにできる限りのことをしているのも事実だ。

アイヌは食事のバランスも和人と大きく異なっていた。和人の食事は米などの穀物が中心で、野菜と少量の肉や豆で引き立たせる。アイヌは肉と魚を主食にし、山菜はその次で、デンプンや栽培野菜や穀物が食されるのはさらにその後になる。

及川さんによると、昔のアイヌ民族は一日一食か二食しか取らなかった。昼食にはオハウと呼ばれる汁物を取り、夕食には豆と野菜の煮物のほか、サヨと呼ばれる粥を食べたという。オハウはもっともよく知られるアイヌ料理で、シカやクマの肉と山菜を、塩や時にイワシの油で味つけして煮込む。オオウバユリの球根のデンプンで作った団子が添えられることもあった。塩は沿岸の人々と肉を交換して得られる貴重品だった。のちに和人の食文化が浸透するにつれて、オハウは醤油や味噌でも味つけされるようになった。オハウは常に炉の上で煮立てられ、夏も外で火を焚《た》くことは許されなかった。アイヌにとって火の女神はあらゆる神々の中でいちばん重要な神だからだ。その意味で、及川さんが話してくれた通り、宗教は食文化そのものだ。

及川さんと長野さんに、伝統的な食べ物が失われると、アイヌ文化の存続はむずかしいでしょうか、とたずねてみた。

ふたりとも、むずかしいでしょうね、と答えた。すべてがからみ合っているからだ。及川さんがひとりの年配のアイヌ女性を訪ねて、アイヌの伝統料理の調理法を聞かせてもらっていることは聞いていた。その年配の女性が言うには、若い人たちがかわいそうだと思う、とのことだ。理由をたずねたところ、若い人たちは山の食べ物のことを知らないし、山の食べ物のことを知らなければ、食べ物が手に入らない時に生き残れないいんじゃないか、と心配になるそうだ。「山がそこにある限り、食べ物の恵みを与えてくれるのだから、山を大事にしないといけないです」と及川さんは話してくれた。

だが、アイヌの食物採取と準備法は、一度ほぼ廃《すた》れてしまった。長野さんが子供の頃に食べた野草はギョウジャニンニクだけだった。これさえも、和人のところで仕事をするとニンニクくさいと言われるから敬遠するアイヌもいたという。アイヌはやっぱり違う、と罵倒されたのだ。

長野さんのお子さんたちがアイヌ語を学び始めた時、長野さんはアイヌの伝統舞踊のほか、アイヌの文化復興活動に従事することになった。その後及川さんとともに、アイヌの伝統的な食物や天然植物の利用法を整理してまとめる仕事に就いた。

二風谷出身でアイヌ初の国会議員（一九九四年から一九九八年まで参議院議員）となった萱野《かやの》茂《しげる》氏も、子供時代を過ごした大正から昭和初期（一九二〇〜一九三〇年代）にはクマの肉を食べたことは数えるほどしかないし、シカの肉は一度も口にしたことがなく、父は鮭を家族のために捕ってきてくれたが、「違法」であるとして逮捕されたと記している。萱野氏はのちに伝統的な食物を含めて、アイヌ文化の記録、復興に大いに尽力した。

抑圧されつづけた歴史

長野環さん、萱野茂元参議院議員の話は、どちらもアイヌ文化抑圧とその後の緩やかな復興に重なる。蝦夷地の一部は安土桃山時代から江戸時代初期（一五〇〇年代後半から一六〇〇年代前半）に本土の支配下に置かれたが、蝦夷地統合が本格化したのは明治政府が成立した一八六八年以降だ。明治半ばの一八〇〇年代最後の数十年において、アメリカの入植者たちが西部開拓を進めたように、蝦夷地改め北海道「開発」の旗印の下、明治政府の命を受けた入植者たちが本土から次々に踏み込んできた。アイヌ民族とアイヌの生活が同化政策の妨げになるとして、政府は伝統的なアイヌ文化の風習を禁じる法律も打ち立てた。[*9] 政府による抑圧は公式にも非公式にも行われ、アイヌ人の伝統料理にまでおよんだ。シカの狩猟と川での鮭の捕獲は禁じられ、二十世紀までにアイヌの食事は本土の和人の食事と変わりないものになった。政府の思惑通り、アイヌと大地との関係は、「日本人」的なものにされてしまったのだ。

そのあいだに入植者たちは、狩猟採集文化の基盤を作り上げていた自然環境を激変させた。森林から木を切り出して軍艦やマッチ棒の製作にあて、トラクターで草地を農地に変えた。シカは何頭も射ち殺され、肉は缶詰工場で加工されて本土に送られた。

アイヌの食文化の変革は、実はこれよりはるかに早くから始まっていた。江戸時代の松前藩主松前氏の祖、蠣崎《かきざき》氏は一四五七年のコシャマインの戦いでアイヌ人制圧を主導したとして蝦夷地における地位を固めて、文禄二年（一五九三年）に豊臣秀吉から蝦夷地渡海の商船に対する独占的課税権を認められた。慶長四年（一五九九年）に松前氏と改称し、慶長五年（一六〇〇年）に松前において福山館（松前氏は「無城待遇」のため、正式に「城」と呼ばれなかった）の建築に着手し（六年後に完成）、慶長九年（一六〇四年）に徳川家康から松前家の蝦夷地支配を認める黒印状を授与された。

元和三年（一六一七年）頃から松前藩は蝦夷で本格的に砂金採取をはじめた。採金により産業は栄えるが、環境は汚染され、鮭の生息環境は破壊された。アイヌの人々は和人との食料取引に頼らざるを得なくなった。それまで長年、中国やロシアやアジア諸国の人々と独自に取引をしてきたが、ここに至って多くの魚肉製品や動物の皮などを和人の穀物や酒などと交換することになった。

ブレット・L・ウォーカー[10]は『蝦夷地の征服1590－1800　日本の領土拡張にみる生態学と文化[11]』に記しているが、松前藩および和人はひとつには蝦夷地で細々と行われていたモロコシやキビの栽培を禁じることで、アイヌに和人の穀物を意図的に受け入れさせようとした。その一方で和人が望むものを提供しつづけるように求めたのである。

和人の穀物に頼らざるを得なくなったアイヌ人だが、逆に生存維持に必要と思われる量以上の狩りをするようになった。ウォーカーは次のように書いている。十七世紀中頃から「……かつてはアイヌの首長領とその周辺の環境やそこに住むカムイとの間に精神的関係をつくり上げてきた狩猟は、いくらか商業的意味をもち始めた……」「……実際に一八三〇年代になるとアイヌたちは主として交易のために獣を殺す目的で狩猟をしており……」[12]

アイヌ文化の復興

今日、昔行われていたことが復活しつつある。長野環さんと及川直美さんはアイヌの伝統料理を再興しようとしている。これはしかし、食物、言語、ダンス、祈り、物語など、生きた文化構造をひとつに取り込み、そこからさまざまな要素を進展させる広範な運動の一部に過ぎない。そしてこの試みによって好ましくないことも生じている。

伝統的な食べ物に対する知識と関心が高まるにつれて、毎年春になると札幌のような遠方から人々が押し寄せてきて、二風谷周辺の山々から山菜が根こそぎ採られるようになったのだ。彼らは私有地にも公有地にも、無断でずかずか踏み込んでくる。

問題は、知識は残されても、それに伴う精神は残されないということです、と長野さんは言う。昔は山の草木の採取は各家族が毎年交代で行っていたし、どの家族も生活に必要な分しか採らなかった。この昔ながらのよくできた仕来《しきた》りはすでにほぼ消滅し、誰もが望みの植物を大量に採るようになった。天然植物の採取を健全に維持するには、地元の自治体が山々に許可なく入れなくする制度を導入するしかない。

非栽培食物の文化を維持するには、その知識を蓄えるだけでは十分ではない。ダムの建設、原子力災害、気候変動といった大規模な脅威のみならず、現代文化が同様にもたらす破壊行為が突きつけられても、共同体としての力を維持し、自分たちの資源を守る努力がなされなければならないのだ。

二風谷再訪

アイヌの伝統料理

初めて二風谷を訪れた時は、まだ山菜の季節ではなかった。そこで翌年、少し時期を遅らせて再訪し、長野さんと及川さんと食事をご一緒させてもらうことにした。

今回はレンタカーで前回とは反対のルートをとり、石狩山地と日高山脈を南西に突き抜けて二風谷に入った。去年の二風谷は緑があまり見られない印象があったが、今回は草木の楽園が広がっている。道端には巨大なラワンブキ[*13]（アイヌ語でコルコニ）やオオイタドリ[*14]（アイヌ語でイコクトゥ）が生い茂り、林に入れば地面は小さなニリンソウとミツバ（アイヌ語でミチパ）でおおわれ、頭上には新緑がアーチを作っている。あちこちの茂みでツツジが真っ赤な花を咲かせていた。北海道の南部ではツツジの咲く頃がオオウバユリの食べ頃だとどこかで読んだが、その通りだった。アイヌ文化情報センターの事務所をふたたび訪れると、炊事場のステンレスのカウンターの上に、掘りたての巨大なオオウバユリがどっさりと置かれていた。及川さんが二、三日前に山で採ってきたのだという。

長野環さんは事務所のもうひとりの同僚の木村真奈美さんと一緒に、ニンジン、ジャガイモ、ゴボウを刻んでいた。ロングスカートとレギンスの上に格子縞のエプロンを着けた木村さんは、童話に出てくるおばあさんのように満面の笑みを浮かべて迎えてくれた。ステンレスのカウンターの上に、ニリンソウとコゴミ（アイヌ語でソロマ）の渦巻状の新芽が入ったボウルが置かれていた。開いた窓から春の暖かいそよ風が吹き込んでいた。長野さんは野菜を大きな鍋に入れて煮込み出した。伝統的なアイヌの山菜汁、オハウを、肉や魚を入れずに作っているのだ。

数分後に及川直美さんが事務所に駆け込んできた。アイヌの山菜を記録するプロジェクトのリーダーとして、二風谷にご健在の年配の方たちに話を聞いてレシピ集にまとめ、その一品一品を自分で作って食べているそうだ。

「家では大体毎日オハウを作っています」と及川さんは鍋に塩を振り入れながら言った（この日、わたしのために伝統的なオハウを作ってくれるのだ。普段は味噌も入れるという）。

「肉も魚も何でも入れるんですけど、特別なことがある時は山菜だけにします」

なるほど。毎日、一年中食べられていたものが、今は特別な行事や祝いごとのために作られるのだ。昔の食べ物が今に残されつつ、新たな役割を担うことはよくあるし、これもそのうちのひとつだ。

コンロの上でオハウが煮立つと、次の品に移った。キハダの実（アイヌ語でシケレペ）で味をつけたきび粉の粉粥、コサヨを作るのだ。長野さんは先に鍋にキハダの小さな黒い実を何粒か入れて、ひと握りのふっくらとした虎豆とともに煮込んでいた。そこに砂糖ときび粉を振り入れ、弱火で煮込みながら、トロっとした粘り気が出るまでかき混ぜる。

そのあいだに及川さんはオオウバユリの根を使った団子（アイヌ語でシト）を作っていた。春に採ったオオウバユリの根から苦労して絞り出したデンプンを米粉とともにボウルに入れる。それを片手でかき混ぜて、コップ一杯の水を注いで練り上げる（アイヌの団子は昔からオオウバユリの根から採ったデンプンやきび粉で作られた）。白い生地が固く、滑らかな粘土のようになると、及川さんはそれを巧みに引きちぎり、一つひとつ手のひらサイズの円盤型にした。

「ばあちゃん、この団子、みんな煮込んで！」と及川さんは長野さんに大声で言った。

「これまでトゥレプのシトは茹でたことないよ！」と長野さんも笑みを浮かべて大声を上げると、その仕事にかかった。

何もかものどかな光景のように思われるかもしれないが、実はおそろしい状況だった。今回わたしは生後十か月の息子を連れて、妹とともに二風谷入りしたのだ。息子は数日前にイリノイ州西部から長い旅に連れ出され、かわいそうなことにそれまで自分の指定席だった母の手をカメラとノートと鉛筆に奪われてしまっていた。長野さんと及川さんには言葉にならないくらい感謝している。交代でテーブルの下に潜り込んで幼い息子を楽しませてくれて、孫にするように、茹でたジャガイモを小さく切り分けたものを口に運んでくれたのだ。妹はそのあいだ篦《へら》とスプーンで息子をあやしてくれた。及川さんは採りたてのオオウバユリの球根を叩いてつぶす方法を教えようと手彫りの木桶《おけ》と棒を出してくれたが、どちらもこの騒ぎでテーブルの上に悲しそうに放り出されてしまっていた。

オハウ、コサヨ、トゥレプのシトのすてきな手作り料理を前に、ようやく腰を落ち着けることができた。オハウの汁は素朴なほっとする味わいで、トゥレプのシトは餅のようにやわらかく、味はついていなかった。コサヨはそれまで味わったことがないもので、カリカリした小さなキハダの種の薬のような苦みが口いっぱいに広がった。

妹と昼食をいただき、長野さんと及川さんに別れを告げる時となった。アイヌの料理を食べさせてくれただけでなく、小さな子供まで連れてきてすごく迷惑だっただろうに、何も言わず温かく迎えてくれたふたりに、感謝の気持ちでいっぱいだった。

あらゆるものが詰まった世界

アイヌ文化情報センターを後にして山間部に入り、予約しておいた宿を探した。

レンタカーのナビゲーション・システムを疑いつつ、国道を逸《そ》れて両側に鬱蒼とした森が広がる車一台しか通れない細い道に入った。道は上がったり下ったりしながら急な斜面を回り込むようにして続いていたが、いつ生い茂る木々の中で消えてしまってもおかしくないように思えた。

そこで突然、目の前に鮮やかな緑におおわれた谷が広がった。思いもよらず秘境に入り込んでいた。不便な場所で谷は半ば放置された状態だが、のどかに朽《く》ちゆく様子は息を呑むほど美しい。

道を曲がったすぐ先に宿があった。宿の後ろに畑が広がり、オオイタドリ、ラワンブキ、ミツバ、ワラビが一面に茂っている。その先に木立が、さらに先には午後の翳《かげ》りゆく空が広がる。こんな小さな美しい谷は見たことがなかったが、どこに行ってもあるのかもしれない。同じような場所が日本には何千と、世界には何百万とあるはずだ。

小さいが、あらゆるものが詰まった隠された世界。目を向けようとしない、知ろうとしない、むさぼり採ろうとしてその世界を破壊するようなことがなければ、誰もが迎え入れてもらえるはずだ。

本書『日本の自然をいただきます　山菜・海藻をさがす旅』の執筆を通じて、ほんの一握りだがそうした場所を訪れることができた。この幸運に深く感謝する。

大勢で食べる山菜汁「キナオハウ」

アイヌ文化環境保全対策事業で長野さんや及川さんが二風谷のアイヌ料理を集めて作成したレシピ集、『食文化試行レシピ』を参考にした。ベジタリアンの場合、わたしが昼食にいただいたように豚肉なしでも作れる。現在では塩の代わりに味噌がよく使われるが、この分量の汁を作るにはかなりの量の味噌が必要だ（通常、水カップ1につき味噌大さじ1）。

材料（14人分）

干しニリンソウ…70グラム、
　または生のニリンソウ…570グラム
干しコゴミか生のコゴミ…30個（一人2個）
脂身の付いた薄切り豚肉…1キログラム
油…大さじ2
ニンジン…3本
ダイコン…1本
ゴボウ…2本
ジャガイモ…3個
絹豆腐…二丁
塩…適量
水…8リットル半

作り方

1 干した山菜（ニリンソウとコゴミ）を使う場合は、2日間水に浸しておくこと。それを水を切って調理する。山菜をそれぞれ長さ4センチくらいに切る。ジャガイモをさいの目切りに、ダイコンをイチョウ切りにする。ニンジンとゴボウは斜め切りに。豚肉を長さ4センチくらいに切る。

2 大きな深めの鍋に油を入れ、豚肉を少し茶色くなるまで炒める。鍋に水と野菜（生の山菜以外）を加える。沸騰したら弱火にして、野菜がやわらかくなるまで煮る。生の山菜を加えて、さらに1、2分煮る。

3 塩で味をつけ、取り分ける直前に豆腐を手でつぶして鍋に足す。

Guide to Plants

野草・海藻ガイド

（五十音順）

このガイドの成り立ちと願い

ごく簡素な本ガイドに載せる野草と海藻を絞り込むのは、非常にむずかしい作業だった。本文中に登場した多くの野草と海藻（すべてではないが）に加えて、作中では触れられなかったものもいくつか収録した。ページ数が限られているためにやむなく削らざるを得なかったものも少なくないが、日本でよく見られる代表的な野草と海藻は収録できたと思う。

英語では得られない情報をなるべくたくさん提供したいと思い、オオバコやタンポポ、スベリヒユなど世界中の多くの地域でよく見られ、食されている雑草類は概ね省くことにした（第1章の花岡玲子さんとの昼食の場面［33〜43ページ］に、本ガイドに収録しなかった採食可能な野草も記しているので、ご参照いただきたい）。

わたし自身が直接体験したことも重要な決定要素となった。出典ごとに野草と海藻についてずいぶん異なることが書かれているので、可能な限り経験を基に記した。それもあって、少なくとも何度か自分で料理をしたことのある天然植物を中心に取り上げた。よく考えて選んだわけではないが、結果として見知らぬ人ばかりの中で見つけた顔なじみのように目を引かれたものを収録することになった。ただし、ほんのいくつか少し扱いにご注意いただきたいものもある。

「はじめに」でも述べたが、この「野草・海藻ガイド」に図鑑としての役割を与えるつもりはない。植物の形状、生育地や時期ほか、野草や海藻を安全に見分ける詳細な情報を網羅しているわけではないので、より深い関心をお持ちの読者には信頼できる植物学関連の手引書をご参照いただきたい。

英語の出典から調べる場合は学名が役に立つはずだ。古い関連書で調べる際に便利かと思い、学名での異名、シノニム名（公式には認められていないものの、いまだに広く使用されていると思われる代替名）を必要に応じて括弧内に記した。日本での通称や地域特有の呼び名も時に併記したが、収録したほぼすべての野草と海藻にそれ以外の名前があることもご注意いただきたい。

本ガイド執筆にあたっては、多くの資料を参考にした。

何年もわたしの机上の隅を占拠している何冊もの一九六〇年代以降の日本語の植物関連書、日本語、英語を問わずあらゆるインターネットのサイト、植物に関する情報を惜しみなく与えてくれる人たちへのインタビューや彼らとの会話、そして調査中にわたしが経験したさまざまな出来事……。

ありとあらゆるものから情報を収集した。ここでは特に引用元は記さないが、本稿を書くことができたのは、野草や海藻を採取する人たち、料理人の皆さん、学者の方々のすばらしい仕事のおかげである。

この「野草・海藻ガイド」が、日本の天然植物を食してみよう、自分でも調理してみようと思う人たちの格好の手引となってくれることを願う。

また日本で野草や山菜を採取してみたいと思う人たちが本ガイドでさらに調べてみようと思うことがあれば、著者としてはとてももうれしい。

アシタバ——明日葉

学名　*Angelica keiskei*
別名　アシタボ、アシタグサ、ハチジョウソウ、トウダイボウフウ
採取できる場所　紀伊半島から南関東までの温暖な太平洋岸沿いや、黒潮が打ち寄せる諸島の海辺よりやや内陸で自生。
特徴　とてもたくましい植物で、葉を摘んでも翌日には生えてくることから、「明日葉」と書く。ミツバやセリと同じセリ科（*Umbelliferae* または *Apiaceae*）で、長い茎の先に房状の白い小花を咲かせる。大きくて光沢のある葉は丈夫で香りがよく、抹茶と同じくらい苦味がある。毎年多くの台風が上陸する八丈島では潮風の影響で野菜はほとんど採食できないが、アシタバは頻繁に自生し、食される。

ビタミンとミネラルが豊富に含まれており、健康とエネルギーをもたらす性質があると考えられている。

秦の始皇帝（紀元前二五九～紀元前二一〇年）が、東方の海に使いを送って「不老長寿の薬草」を求めたとされており、その薬草がアシタバだという言い伝えがある。

現代の研究で、実際に老化を防ぐ性質があると明らかにされている。今日ではアシタバの粉末が栄養補助食品としても売られており、うどんやそばなどに練り込まれている。
毒性について　やや似た植物にハマウド（*Angelica japonica*）やボタンボウフウ（*Peucedanum japonicum*）がある。どちらもアシタバが採取できる場所で自生し、毒はないが通常食用にはされない。
採取時の注意　完全に開く前の若い葉を摘むこと。

下ごしらえ　おひたしや和え物は湯通しする。特別な処理は必要ない。

おすすめ調理法　葉はおひたし（焼きのりをまぶす）、和え物（酢味噌和え、マヨネーズ和え）、天ぷら、煮物、菜めし。新芽は味噌汁、お吸い物。茎は炒め物、きんぴら。

イタドリ ― 虎杖

一般英語名　ジャパニーズ・ノットウィード

学名　*Reynoutria japonica*（*Fallopia japonica, Polygonum cuspidatum*）

別名　スカンポ、ドングイ

採取できる場所　九州から北海道まで広く分布。ヨーロッパや北米大陸では侵略的外来種[*1]とされている。

特徴　イタドリは、道端の雑草として知られるが、日本中の荒地に自生する。北海道では、長さ一・八メートル以上にもなるオオイタドリ（*Fallopia sachaliensis*）の大群生が道路脇や野原に連なっている。

漢字では「虎杖」と書くが、えび茶色のまだら模様に長く先細りする茎が「虎の杖」を思わせるからだ。また空洞の茎にはヘビが隠れているとして、昔の日本の子供たちは注意をうながされた。

タラノメやフキノトウのようなときめきは感じさせないが、その苦く酸っぱい味に懐かしさを覚える。

毒性について　シュウ酸が含まれるため、下痢や、大量に消費した場合は腎結石ができることがある。ただし、それはホウレンソウやルバーブなどの一般食材も同じ。湯がくことで害をもたらす物質はいくぶん取り除ける。

採取期は短いこともあり、過剰摂取の心配はない。

採取時の注意　長さが三〇センチほどになったら、太く、アスパラガスのような若芽を摘むこと。根元から折ると「ポンッ」と大きな音がする。これは繊維質がまだ堅くなっていないしるしだ（育つと折れずに曲がってしまう）。

大きくなった茎の先端も採取できる。白く粉っぽくならずつやつやしている先っぽ近くを採ること。そこを摘めば、ポンと音がするはずだ。ただし茎は成長すると長く細くなるので、時間をかけて皮を剥いても得られるものは少ないかも。

下ごしらえ　節周りの薄い覆いと、葉は取り除くこと。根元から上に向けてナイフや爪で皮を剥く。やわらかい先のほうは剥かなくてよい。湯に塩を加え（水六カップに対して塩大さじ二）、十五秒くらい、色が鮮やかになるまで湯がくこと。茹ですぎるとシャキシャキした食感が失われる。冷水にとってさらし、時々味見をしながら、好みの味になったところで取り出す（一晩水につけると、ほとんど風味がなくなってしまう）。

天然のイタドリを使って西洋料理を作る場合も、ルバーブみたいな植物を扱う時のように風味が水に溶け出さないように気を配らなくてもよい。ただ、次に記す料理では酸味が失われることもあるので注意すること。

おすすめ調理法　炒め物、煮物、酢味噌和え、酢の物（特に三杯酢と大根おろしが合う）。秋には葉を摘んで、生で天ぷらにしてもよい。

イチョウ ― 銀杏、公孫樹
ギンナン ― 銀杏

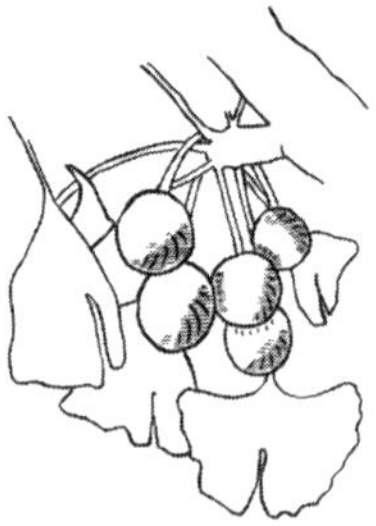

一般英語名　ギンコウ、メイデンヘアー・ツリー
学名　*Ginkgo biloba*
別名　オウキャク
採取できる場所　天然のものは絶滅危惧種とされ、わかっている限りでは中国のある山にのみ自生する。だが、景観用や薬用目的としては日本、アメリカ、そのほかの地域で広く植えられている。
特徴　運がよければ茶碗蒸しの中に、オリーブくらいの大きさのつるんとした黄色もしくは黄緑色の球体がひとつ入っているかもしれない。これが恐竜の時代以前から存在し、樹齢は二〇〇〇年を超えるイチョウの木の種子、ギンナンだ（この食べられる部分を「種子」ではなく「実」と呼ぶことが多いが、これは植物学上、正しくない）。
　イチョウは日本原産ではなく、室町時代前半（一五〇〇年代以前）のある時期に中国から持ち込まれ、広く仏寺に植えられた。みごとな大木に成長し、毎年秋には煌々《こうこう》と燃え上がる黄色い炎のような姿になる。
　都会の倹約家たちがギンナンを集めているのを見かけることもあるし、毎秋スーパーの棚にごく短期間置かれることもある。
　ギンナンを漢字で書けば「銀杏」で、「銀のアンズ」ということ。果肉のようでありながら、食用できない種皮ということだ。
毒性について　ギンナンの周囲にあるみずみずしい種皮に触るとかぶれることもある。食べすぎると生のギンナンに含まれるギンコトキシンという物質によって、めまい、けいれん、消化不良を起こす可能性がある。特に子供には調理したギンナンをあまり食べさせてはならない。
採取時の注意　イチョウは特徴のある扇形の葉を持つので、簡単に見分けられる。種は晩秋に落下するが、それを包み込むやわらかくて悪臭を放つ黄色い果肉に直接手を触れるとかぶれる可能性があるため、収穫時はゴム手袋をつけるとよい。
　ギンナンは雌株にしかならないので、いつま

で経っても実りそうもないものは雄株だ（アメリカでは悪臭が問題にならないように雄株を優先して植える）。

下ごしらえ　ギンナンを土に埋めて種皮を腐らせ、クリーム色の殻を露出させる。ビニール袋に入れて、少しの砂と混ぜ合わせる。ビニール袋の中で転がして果肉をほぐす。それを何度か繰り返したあと、きれいに水洗いする。日なたで干すのは短時間にとどめ、乾かしすぎないようにする。ここまですれば、二～三か月間は冷蔵庫で保存できる。さらに長期間保存したいのであれば、深さ三〇～六〇センチの砂土に種皮がついたまま埋めるのがいいとする説もある。

　くるみ割り器で殻を割り、茶色い薄皮を剥《む》いて食べる。薄皮はぬるま湯に数分つけておくか、フライパンで炒めればほぐれる。

おすすめ調理法　皮を剥いたギンナンを炒め、塩を振っておつまみにする。きのこやほかの野菜、鶏肉をお好みで加えてご飯と一緒に炊けば、炊き込みごはんの出来上がりだ。蒸らし煮にすれば茶碗蒸しになる。串にさしておでんの具にすることもできる。

オオウバユリ — 大姥百合

一般英語名　ジャパニーズ・カルディオクリヌム

学名　*Cardiocrinum cordatum var. glehnii*

別名　トゥレプ（アイヌ語）

採取できる場所　本州中部以北から北海道にかけて自生。小型のウバユリは九州にも自生。

特徴　オオウバユリは長い茎にユリのような花を咲かせる。林床によく見られるこの植物は、正確にはユリではない。

ハート型の若葉は食用と言われているが、めったに食されない。対照的に、球根はアイヌの人々の伝統的な重要食材だ。アイヌは球根から、味のない、上質なデンプンを取り出して、儀式の供え物にもなるトゥレプシトというもっちりした団子を作る。デンプンを取り出すとドロドロしたものが残るが、これは発酵するとドーナツ型に乾燥するから、砕いて粉にする。新鮮な球根は怠け者の現代人にとってはありがたいことに、そんな骨の折れる処理はしなくても、煮ても炒めてもおいしく食すことができる。

オオウバユリの名前には、この植物の奇妙な運命のほか、「歯」と「葉」が暗示することが込められているように思える。オオウバユリは「葉」を広げた六〜八年後に一度だけ花を咲かせるが、その後たちまち枯れはてる。まるで成人して花盛りを迎えた若い女性が、すぐにそのあと花が落ちるように歯が抜け落ち、朽《く》ち果てて、死にゆく老婆に変わり果てるかのようだ。

毒性について　なし。

採取時の注意　春に若葉が出てきてから鱗茎《りんけい》[*2]を掘る。できればいちばん太い茎を選ぶこと（四〜五年経ったものが望ましい）。北海道では五月に野生の赤ツツジが咲くと、収穫できると思われている。

乾燥した茎の周りを掘ってみるとよい。開花すれば鱗茎は役目を終えるが、子孫を残している。

下ごしらえ　薄い外皮と根を取り除く。球根を鱗片（層ごと）に分けて、一つひとつしっかり泥を洗い落とす。茶色くなった部分はナイフで切り取る。

おすすめ調理法　鱗片は煮物や茶碗蒸しに加えることもあるが、油の多い、クリーミーな具材に加えると特によい。天ぷらや素揚げにするには、油をたっぷり使い、きつね色になるまで片面ずつ五分くらい揚げること。塩やソースをかけて食すとよい。

十分くらい茹でてからフォークでつぶし、油またはバターと塩で味つけしてもいい。マッシユポテトとそうめんかぼちゃ（金糸瓜）を混ぜたようなものが出来上がるはずだ。残った部分はパテ状にして油でこんがりと焼いてみよう。

オニグルミ　鬼胡桃

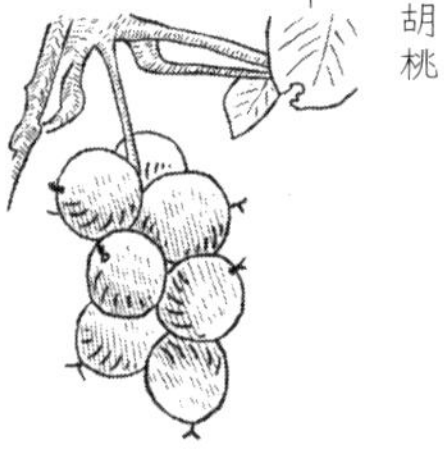

一般英語名　ジャパニーズ・ウォールナット

学名　*Juglans mandshurica var. sachalinensis*

別名　オグルミ（古名）

採取できる場所　日本（主に北部）と樺太が原産。ハートの形をした小型の種類はヒメグルミと呼ばれ（*Juglans mandshurica var. cordiformis*）、一八六〇年代にアメリカに持ち込まれ、しばらく商用にされた。今も観賞用として栽培されている。北東部の州では食用にされているが、気温が低すぎてあまり育たず、ペルシャグルミ（セイヨウグルミ）をよく目にする。

特徴　近年、福島県でクルミがぎっしり入った三千年前の籠《かご》が見つかった。天然のクルミは縄文時代では主食とされており、以降、日本の食生活において重要な役割を担ってきたことがわかる。

　平安時代の『本草和名』（九一八年）や『倭名類聚抄』（九三一～九三八年）に、「胡桃」が「久留美」「呉桃」などとして現れている。

　セイヨウグルミに比べると小さくて硬く、風味や食感も若干異なる（さらにアメリカの野生のクログルミとも異なる）。

「オニグルミ」というのは、でこぼこした「醜い」木の実の質感から来ていると思われるが、殻がとんでもなく堅いこともあるだろう。

　湿った土壌によく自生し、川辺や山間の小川沿いに多く見られる。

毒性について　なし。

採取時の注意　九月から十月まで収穫できる。夏の早い時期に地面に落ちているのを見かけるかもしれないが、中身がないものが多い。

落ちた木の実を集めるか、長い棒で木を叩いて（まさに鬼退治だ）食べごろの実を揺すり落とすしかない。指が黒くなってしまうので、手袋やトングを使うことをお勧めする。

下ごしらえ　ほかの木の実と同じで、分厚い緑の殻の中で熟す。実が十分に熟す直前に、この殻に黒い斑点がぽつぽつと出てきたと思うと、木から落ちる。地面に落ちたものは真っ黒で、皺《しわ》が寄っている。

殻は手でこじ開けることもできるが、水が入ったバケツにクルミを入れっぱなしにしたり、何週間か土の中に埋めておけば、外の皮を腐らせることができる。どの方法で試みたとしても殻の中の木の実はきれいにこすり洗いして、日なたで完全に乾かしてから保存すること。

続いて鬼のように固い殻を剝く作業だ。この作業のために、ふたつの価値ある道具が考案された。ひとつはオニグルミ専用のくるみ割り器だ。ペンチのような形状で、刃を開くと一枚はオニグルミを受けとめられるように片方がお椀型になっている。もう一枚は斧のように切れ味抜群だ（ホームセンターに行けば手に入る）。そしてもうひとつは実をほじくって出すものだ。

鍋を熱湯でいっぱいにして一晩つける。このとき木灰《きばい》を一握りか二握り入れると驚くほど殻がやわらかくなる。伝統菓子「オニグルミの砂糖がけ」を作る時は、こうしないと中身を全部ほじくり出すことができない。あいにく灰は実までやわらかくしてしまうので、すぐ使わないのであれば再び乾燥させるか、煎《い》っておく必要がある。

また、殻のまま水に一晩浸し、フライパンで煎って切れ目をポンと開けて、それからナイフでふたつに割いて実をほじくり出してもよい。

実の薄い内皮は灰を溶かした水でさっと茹でれば殻より簡単に取れるが、これを使うことはまずない。

おすすめ調理法　生のままでも煎ってもよい。細かく刻むか、すりこぎで砕いてクルミ和えのソースにし、収穫野菜や野草と和える。クッキー、ケーキ、モチに加える。すったクルミに水、砂糖、塩を混ぜて、でんぷんでとろみをつけてできたカスタード状の料理にしてもよい。クルミ豆腐にするのだ。

カジメ

——搗布、蔓荒布。ツルアラメ、黒布。クロメ

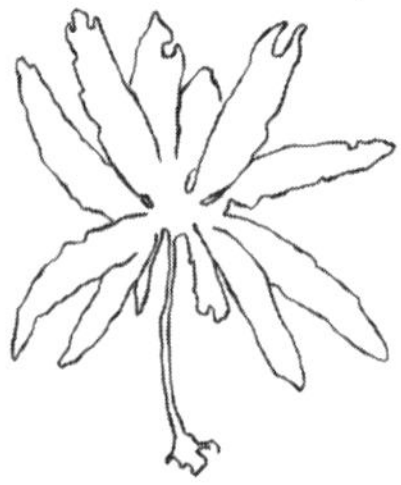

付記　能登半島では、カジメはツルアラメとクロメのことを指す。

学名　*Ecklonia stolonifera*（ツルアラメ）、*Ecklonia kurome*（クロメ）

採取できる場所　ツルアラメもクロメも日本海で採れる。クロメは本州中部から九州までの太平洋沿岸や瀬戸内海でも採取できる。

特徴　ツルアラメもクロメも一本の茎から大きく平たい葉を四方に広げる。葉はまるで黄緑色のちりめん紙のようだ。ツルアラメは波が強く打ちつける九〇センチから一・八メートルほどの深さの磯に自生。クロメはもう少し波が穏やかな場所に自生する。ツルアラメもクロメも採れたてを調理するとかなり粘り気があり、苦味を感じることもある。

カジメは能登半島のように自生していて伝統的な食文化の一部となっているような地域でもなければ、広く食されることはない（第5章の「つばき茶屋」201ページ参照）。

はるか昔、カジメという言葉は細かく砕いたアラメのことを指し、現在でも食される海藻のカジメ属とは別物だった。

毒性について　ほぼすべての海藻に毒はない。ただ、どの種類か見極めてから収穫すること。注意が必要なのはウルシグサ属の海藻。褐藻[*3]に硫酸が含まれていて、腹痛を起こすことがある。必ず水のきれいなところから採取すること。

採取時の注意　春や冬、嵐のあとに岸に打ち上げられたカジメを集めること。波にもまれて苦味がいくらか抜けているのだ。収穫は一月から五月にかけて行うのがいい。冬の終わりに出てくる新芽は特においしいと言われている。

下ごしらえ　カジメはとても苦い海藻だが、岸で拾い集めるものより収穫したものはさらに苦いので、下処理をしっかりする必要がある。細かく刻んで、沸かしたお湯で十五分茹でてから水を切り、水を三回替えながら、合計約三十分水にさらす。その間常時かき混ぜること。採れたてでもいいし、マットの上に広げて日なたで二日間干してから調理してもいい。干しておけば採れたてより粘り気はなくなる。

おすすめ調理法　煮物（カジメだけでも、魚や豆腐を入れてもよい）、粕汁、味噌汁、カジメご飯（細かく刻んだカジメを醤油、みりん、酒で煮つけて、炊きたてのご飯に混ぜ込む）。味噌とショウガの味つけでとてもおいしくいただける。

ギョウジャニンニク ― 行者葫

一般英語名　アルパイン・リーク、ヴィクトリー・オニオン

学名　*Allium ochotense*

別名　アイヌネギ、ヤマビル、プクサ（アイヌ語）

採取できる場所　東アジアとロシアの原産。同

種のアリウム・ヴィクトリアス（*Allium victorialis*）はアラスカ、ヨーロッパの山間部、アジアで自生。ギョウジャニンニクは日本では本州の山間部、北海道の低地、日本海沿岸で自生。ランプス（*Allium tricoccum*）という似た味のする種は、北米大陸の東半分で広く自生。

特徴　ギョウジャニンニクはニンニクやタマネギと同じ科に属し、似たところはある。だが、葉の上部は畝状で幅が広く、根元近くは細く、赤紫または白く染まっている。甘く、ピリッとした風味は生で食べても調理しても絶品。

「行者のにんにく」という意味の名前は、修行で山ごもりした僧が滋養を得るためによく食べていたという言い伝えから。

日本本土のどこに行っても季節のごちそうであり、アイヌ伝統料理には欠かせないものだった。アイヌの人たちはギョウジャニンニクをハルイッケウ、つまり「生活の要」と呼び、春先に採れたてを食し、花が咲くと大量に収穫してサラニプという編み袋に入れて乾燥させて貯蔵する。冬の間はそれを薬草スープにして食べる。味噌汁に入れても味が際立つ。

毒性について　似た毒草にスズラン（*Convallaria majalis*）、ベラトラム・ビリデ（*Veratrum viride*）やバイケイソウ（*V. oxysepalum*）、コバイケイソウ（*V. stamineum*）などのシュロソウ属、それほど似ているとは言えないがイヌサフラン（*Colchicum autumnale*）がある。ニンニク臭がすれば、ギョウジャニンニクだ。

採取時の注意　成長に時間がかかるため、乱獲は避けられるべきだ。球根は引き抜かず、やわらかい葉を一枚ずつ摘む。あるいは地面から二センチくらいのところで切り取れば、根元に土がつかない。春先から開花する時期まで採取できるはず。

下ごしらえ　特別な処理は必要なし。

おすすめ調理法　天ぷら、味噌汁、卵とじ、卵焼き、醤油漬け。茹でた葉は酢味噌や二杯酢で和えたり、煮物に加えたりすることもあるが、こうした味つけは葉の繊細な風味を消してしまうかもしれない。生ニンニクの刺激を楽しみたいのなら、やわらかい若葉や茎を生のまま味噌や酢味噌につけて食すのがいいかも。

　アイヌの人たちは束ねた葉柄を蒸したり、スープや汁物に加えたりする。

コゴミ —屈

一般英語名　オーストリッチ・ファーン
学名　*Matteuccia struthiopteris*（*Onoclea struthiopteris*）
別名　クサソテツ、コゴメ
採取できる場所　九州北部から北海道まで広く見られる。アメリカの東海岸からネブラスカ州にいたる地域に加え、アラスカ全土、カナダ全土も原産地。
特徴　森林におおわれた山間部や平野部の湿地に群生。シダ植物のコゴミは丸々とした鮮やかな緑色の若芽を広げるが、同じ渦巻き状若葉で日本ではよく食されるワラビやゼンマイほど広く繁殖していない。
　コゴミはむしろ風味がきつくないので好まれる。多くの天然植物は灰汁《あく》抜きなど手間のかかる処理が必要な上に、ごくわずかしか採取できないが、えぐみの少ないコゴミは容易に採取できて手間をかけずに食すことができる。長い冬のあとに美しく彩られた可憐な姿を見せてくれることから、特に北部の雪国で愛されている。
　名前は「屈む（こごむ）」という動作に由来する。この動作は「かがむ」とも読み、身をかがめたり体を折り曲げたりすることを意味するが、新芽がそのように前屈みで生えてくることから名づけられた。別名のクサソテツはソテツ*4に似ていることから来ている。

赤いコゴミという意味のアカコゴミ（*Diplazium squamigerum*）もあるが、こちらはまったく別のもっと貴重な種。

毒性について　シダ植物には毒性や発がん性のある種類もある（が、これらはまるでおいしくない）。その渦巻き状若葉が食用のものと変わりないように見えるかもしれないので、常に何を採取して何を購入したか確認してから食すこと。

コゴミは渦巻き状若葉を実らせる野草の中ではいちばん安全ではある。だが、わずかではあるが、カナダやアメリカでは生だったり十分火が通ってなかったりしたものを食したことで食中毒が発生していることから、当地の保健機関では十五分茹でたり、十分から十二分蒸したりしてから食すことを推奨している。

採取時の注意　コゴミは花瓶に挿したように群生する。先がしっかり渦巻状になった若葉の茎が七～一〇センチほど伸びていれば、一本ずつ摘み取る。採取の時期は短い。逃すと葉がかなり筋っぽくなってしまう。

下ごしらえ　茶色い細かなボロボロしたものは洗って落とす。特別な処理は必要ない。おひたしや和え物にするなら、塩水に入れて白っぽい色合いになるまで一分ほど湯がくこと（先ほど書いた健康上の危険についても注意する）。

おすすめ調理法　湯がいたコゴミに醤油とかつお節、またはすったゴマをまぶす。和え物（特にナッツ、ゴマ、またはマヨネーズを入れた濃厚ソースが合う）、炒め物、煮物、酢の物（三杯酢で）、天ぷら。

コシアブラ —漉油

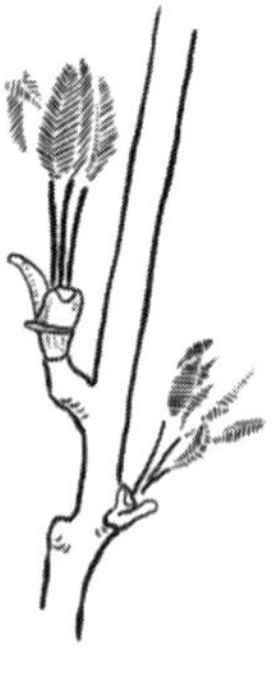

学名 *Chengiopanax sciadophylloides* (*Acanthopanax sciadophylloides*)

採取できる場所 北海道から九州まで、日当たりのいい森林。

特徴 コシアブラの枝の先に芽吹く透きとおった若葉で、山菜の女王と呼ばれる。お相手の王タラノメとともに非常に芳醇な香りを放つ。だが、コシアブラは高さ二〇メートルにもなる落葉樹の無数の枝一本一本に生えるので、タラノメよりもはるかに広く分布している。

言うまでもなく、採取時期の判断はむずかしい。スギ林の下層に小さいものが見つかれば、収穫時期だ。

コシアブラの「油」は、平安時代に近縁種から取られた油から来ている。この油から武器が錆びたり紙がかびたりしないようにする金漆という漆のような塗料が作り出されたという。コシアブラの「漉」は中国の地名で、その地から「漉」の技術が平安時代に日本に伝えられたと言われる。

毒性について ヤマウルシ（*Toxicodendron trichocarpum*）の葉はコシアブラと同じ時期に芽を出し、見た目も少し似ているが、ヤマウルシは赤い。ヤマウルシにかぶれてしまう人も多い。

採取時の注意 さながら筆のように束になって上を向いている若葉の時期がいちばん望ましい。これが開いて大きくなると苦くなるが、葉がやわらかく透きとおっていれば十分食べられる。

下ごしらえ あまりに堅ければ根元の鱗状の葉は取り除くのがよい。芽吹いたばかりのやわらかい葉や茎はさっと湯がけば十分。大きくなって広がった葉は苦味を抑えるために塩水で数分茹でるか、湯がいたあとに水にさらす。天ぷらにするなら生のままがよい。

おすすめ調理法 天ぷらにすると葉の苦味は消えて、香りのよさだけが残る。葉の部分は大さじ一杯分ほどの油でカリカリになるまで炒めて塩を振ってもおいしい。茎は葉より口当たりがいいので、和え物やおひたしには茎を湯がいて使うといい。

サンショウ ― 山椒

一般英語名　ジャパニーズ・ペッパー、ジャパニーズ・プリクリー・アッシュ

学名　*Zanthoxylum piperitum*

別名　キノメ（若葉）、ハジカミ（古名）

採取できる場所　韓国と中国の一部の地域のほか、九州から北海道の各地までが原産。アメリカザンショウ（*Zanthoxylum americanum*）はアメリカ東部とカナダの原産で、コショウの代用品としても使われている。

特徴　英語ではジャパニーズ・ペッパーと呼ばれているが、植物学上はコショウ（*Piper nigrum*）と別の科に属し、どちらかというとアメリカザンショウの仲間にかなり近い。花椒（ホアジャオ）に風味がよく似ている。花椒もトウザンショウやカホクサンショウのようなサンショウ属の仲間である。

　秋になると皮が破れて果実が取れる。光沢のある黒い種子は取り除き、皮をひいて粉にすると、柑橘のような香りのする舌がしびれる調味料となり、日本料理に欠かせない。古代の遺跡により縄文時代から料理に使用されてきたことがわかる。昔からウナギの蒲焼きやタケノコとあわせて食されてきた。七味唐辛子（サンショウ、煎ったミカンの皮、黒ゴマ、白ゴマ、麻の実、ショウガ、ノリ、ケシの実、ユズ、シソ、菜種などの調味料を粉状にして混ぜている）の中にも入れられている。

　山で自生しているが、温室でも栽培されている。天然種はアクが強く、葉もすぐに変色する。

毒性について　イヌザンショウ（*Zansboxylum*

schinifolium）は見た目がサンショウとよく似ている。だが香りはだいぶ異なり、トゲも向かい合せに生えていない。中国では花椒として使われるが、日本では基本的に薬用以外に採取されることはない。

採取時の注意　果実は雌株にしかつかない。秋になると果実はかわいらしい薄紅がかった茶色になって破れて開き、つやつやした黒い種が現れるので、粉ザンショウにするには突き出た形の果実を摘むこと。もう少し早い時期なら、葉は雄株からも雌株からも採れるし、つぼみは雄株から取れる。葉柄の根元にトゲが二本突き出しているので注意。

下ごしらえ　皮をよく乾かし、茎と種子を切り捨ててから、スパイス用またはコショウ用ミルに入れて粉状にひく。付け合わせとして葉を使う場合、両手でぎゅっと押しつぶして香りを立たせるとよい。

おすすめ調理法　粉ザンショウは鶏肉、魚、豆腐、照り焼き、ウナギの蒲焼き、めんつゆなどに調味料として使う。

青ザンショウはホワイトリカー（アルコール度数三六パーセント未満の味のない焼酎の一種、ウォッカで代用可）と氷砂糖に数か月漬けて果実酒にする。ちりめんじゃこと混ぜてちりめん山椒にして、ご飯にかける。塩漬けにしてお酒のおつまみにしたり、混ぜごはんにしたりする。

若葉は豆腐田楽の上に飾りとして乗せるか、ペースト状につぶして練味噌と合わせて塗る。タケノコの煮物やタイのあら煮に散らす。すまし汁や赤だしの味噌汁に浮かべる。和え物、寿司、天ぷらに付け合わせる。山椒風味のお酢を作る。

つぼみ、花、若葉はつくだ煮にもなる。

スギナ — 杉菜

一般英語名　フィールド・ホーステール

学名　*Equisetum arvense*

別名　ツクシ、ツクズクシ、ツクシンボ（胞子茎）

採取できる場所　アメリカほぼ全州を含む、北半球の温帯および寒帯全域が原産。

特徴　スギナもツクシも指の長さほどの二種類の若芽を指す。まったく異なる見た目のふたつの芽は、実は同じ植物で、シダの仲間だ（成長したものをスギナと呼ぶ）。

　春先になると、植物での生殖の役割を担い、花の部分に相当するツクシがまず顔を出す。六角模様の胞子嚢《のう》でおおわれた帽子を被り、淡い褐色の細長い筒状のツクシ群が胞子を放ってしおれると、代わってブラシノキを小さく緑色にしたような、子孫を残す役割を持たないスギナが出てくる。ツクシとスギナは地下に張られた根茎の網で繋がっている。どちらも日なたを好み、畑の周りに見られるが、しぶとく根付くので農家の人たちには「地獄草」と呼ばれる。

　ツクシもスギナも食用になるが、日本ではツクシが食べられることがずっと多い。ツクシは風味や歯ごたえはほとんどない。愛嬌ある形をしていて、きれいに日焼けしたような色に染まっているので好まれる。

毒性について　スギナの栄養茎はイヌスギナ（*Equisetum palustre*）の茎に非常によく似ている。イヌスギナは食用ではないので、大量に食べれば有害だ。

採取時の注意　胞子を出す前の若いツクシを採ること。節と節の間がわずかしか空いていないからわかる（どの植物もたいていそうだが、茎は時間が経てば潤いも芳香も失う）。大量に採取しないと副菜も十分に作れない。ツクシはたくさん生えているから、大量採取しても特に問題ない。

スギナはやわらかい新芽を摘むこと。乾燥してふりかけにしたいなら、もう少し成長したものを使うとよい。

下ごしらえ　ツクシの茎の節を囲む鞘状の葉はむしってしまうこと。風味がよくない。苦味が嫌なら帽子（胞子嚢穂《のうすい》という）も取り除く。すぐに干からびてしまうので、収穫したら早めに使う。帽子が開いている育ちすぎたツクシは、茹でて流水に三十分ほどさらしてから調理すること。酢の物や和え物するなら、先に茹でておくのがよい。

スギナは特別な処理は必要ない。

おすすめ調理法　ツクシは炒めもの、きんぴら、つくだ煮、卵とじ、味噌汁、酢の物（三杯酢で）、和え物（からし和え、ゴマ和えで）、ツクシごはん（みりん、醤油、酒で煮たツクシを、炊いて塩少々を加えたご飯にまぜこむ）にする。

スギナはつくだ煮、菜飯、天ぷら、ふりかけ（日なたで乾燥させたスギナを指かスパイス用のミルで粉状にして、ゴマと塩にまぜる）にする。

ゼンマイ

—薇。紫萁とも

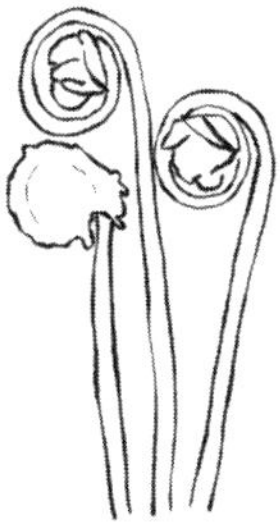

一般英語名　アジアン・ロイヤル・ファーン

学名　*Osmunda japonica*

採取できる場所　九州から北海道までの森林や開けた場所で自生し、特に湿った土地に繁茂する。近縁種ヤマドリゼンマイ（*Osmundastrum cinnamomeum*）は本州中部から北海道にかけて自生し、アメリカ東部やカナダでも採れる。西洋の山菜採りには不評だが、ヤマドリゼンマイはこのあと記載する「おすすめ調理法」に記す調理で十分ゼンマイの代わりになる。もちろん、見つかるなら本物のゼンマイが望ましい。

特徴　渦巻き状若葉のゼンマイは日本を代表する山菜のひとつ。だが、春のおいしいごちそうとして食べられるというより、乾燥させて季節を問わない食材となる。長く雪深い冬に農家の人たちが作る栄養ある料理によく見られる。

昭和四十三年（一九六八年）に出版された片岡博著『山菜記』（実業之日本社）には、北方の農家の人たちによる春の収穫の様子が次のように記されていて、山菜は彼らにとって大切な食材であったことがうかがえる。

「春ともなると、山あいの農家では総出でぜんまい摘みにかかる。ちょうど苗代をつくったあと、たんぼを耕す前の一仕事とでもいうところであろうか。山深く山菜小屋をかけて、ここに寝泊まりしては朝早くからとり歩く。集めてきたものはその日のうちにうでで、翌日からは天日に干しながらもんではかわかし、もんではかわかしして次第に仕上げていくのである、だいたい三日間ぐらいで干し上がる。

こうして、天日でかわかすものを赤ぼしと呼んでいるのに対して、青ぼしというものがある。これは、いろりの上につられた干しだなの上などでいぶしてかわかす。つまり、くん製にするわけである。能率が悪いうえに煙くさいので、最近ではあまり見かけないが、通人は好んでこれを求めるという」（『山菜記』20〜21ページ）。

一日の終わりにはその山菜小屋で休むが、「風は遠慮なく吹き抜け」て、「狭く、ぜんまいに比べると、人間様の方の扱いはけっして良いとは言えない」（同22ページ）。

毎朝早く、凍った山腹を登れるように草鞋《わらじ》の底に十字型の鉄の爪（かんじき）[*5]をつけ、「ぜんまいぎもん」[*6]と呼ばれる袖なしの上っ張りを身に着ける。その服の裾をしぼって結び合わせて、脇から背中のほうを大きな袋にする。摘んだゼンマイをその袋にどんどん詰め込んでいく。「しだいにふくらんでくるこの上っ張りはこぶとりじいさんよろしくまことに奇妙な形の大きなふくらみになる」。そして「いつの間にかその内側は、灰汁《あく》で厚く黒光りするまでに変わってしまっている」[*7]（同22ページ）。

毒性について　シダ植物には毒性や発がん性を持つ種類もある（加えてまるでおいしくない）。その渦巻き状若葉が食用のものと変わりないように見えるかもしれないので、常に自分で何を採ったか、何を採取して何を購入したか確認してから食すこと。下処理は指示通りに進める。

採取時の注意　ワラビと違ってゼンマイは群生する。胞子嚢をつける葉が最初に出てきて、胞子嚢をつけない葉がそのあと出てくる。胞子嚢をつけない若葉だけを収穫すること。見分けるのは簡単だ。普通は胞子嚢をつける葉のほうが大きく、渦巻きの部分が膨らんで二枚貝のようになっている。胞子嚢をつけない葉は平たく、毛がびっしり生えている（ゼンマイという名前はこの渦巻き状の若葉の部分が「銭」に似ていることから付けられたと言われる）。

ひとつの群れに対して数個の葉を地上に近いところからポキッと折るか、ナイフで切り取ること。この植物が健全に保存されるように、常に十分な数を残しておくこと。

下ごしらえ　ゼンマイは乾燥させてから食すことがほとんどだ。渦巻いた先端は取って処分し、ふわふわの綿毛は茎から全部はぎ取る。十五秒茹でて、湯を捨てる。この時ゼンマイを冷水で洗ってはいけない。根元の硬い部分はアスパラガスを調理するように、切り取るか、折って取ること。筵《むしろ》か新聞紙を敷いたトレイの上に広げて日の当たるところに置く。

茎がしぼんできたら集めて丸め、円を描くように揉みこんで繊維をやわらかくする。少し広げて日なたへ戻す。この工程を数時間おきに繰り返し、夜は敷物ごと中に入れ、ゼンマイが完全に乾燥して赤茶色からこげ茶色または黒色に変わるまで行う。日の当たらない乾燥した場所で保存すること。
料理に使う時がきたら、お湯の入った鍋にゼンマイを入れる。火をつけて鍋の縁や底が泡立って沸騰してきたら火から下ろし、少しかき混ぜる。ゼンマイを浸したまま、鍋に落としぶたか板をかぶせて、冷めるまでそのままにする。湯を水に替えて、ここまでの工程を繰り返す。ここまで来たら、下準備は完成だ。
冷水が入ったボウルに入れれば冷蔵庫で数日もつ。きちんと束ねて輪ゴムで縛っておけば、料理の際にそのまま引き出せる。

おすすめ調理法　水で戻したら、ゼンマイだけか、あるいはほかの野菜とあわせて出汁、醤油、みりんで煮物にしたりする。煮物はそのままで出しても、水気を切って白和えにして出してもよい。もっと濃く味つけして油あげを細く切って加えるか、油で炒めてから身欠きニシン（干したニシンの切り身）と一緒に煮込んでもよい。

タラノキ ― 楤の木

一般英語名　ジャパニーズ・アンゼリカ・ツリー

学名　*Aralia elata*（*Aralia mandshurica*）

別名　タランボ、タラッペ、オニノカナボウ、ヘビノボラズ、トリトマラズ

採取できる場所　日本全土で日当たりのよい森の開けた場所に自生するが、広く栽培もされている。アメリカでは中西部、北東部、西海岸などに持ち込まれ、場所によっては侵略的外来種[*8]と見られている。よく似たものにアメリカ原産のアラリアスピノサ（*Aralia spinosa*）があり、こちらは香味野菜として食されているという。

特徴　山菜の王様と呼ばれ、そのやわらかく香りのいいタラノキの若芽（タラノメ）は春のごちそうとして愛され、よく天ぷらにされる。

タラノメは粘着性のあるトゲがあちこちに突き出した長い枝の先に生える。この長い灰色の枝は一様に真っ直ぐ天に突き上げていて、まるで巨大な鬼たちが揃って置き忘れていった金棒を思わせる。そこから「オニノカナボウ（鬼の金棒）」という俗称がつけられた（同じようにタラの仲間のアメリカ種アラリアスピノサは、「悪魔の杖」と呼ばれる）。

キャンプをしていて運よくタラノメを見つけたら、登山家になったつもりでアルミホイルに包んで直火で焼き、味噌をつけて食べてみよう。

毒性について　タラノメもタラノキもヤマウルシ（*Toxicodendron trichocarpum*）に似ているが、ヤマウルシに触ると炎症やひどいかゆみを起こす。ただしヤマウルシの枝はトゲがなくつるつるしている。芽は緑ではなく、赤みがかっている。

採取時の注意　トゲに注意して、長さ七センチくらいの若芽をナイフで切り取ること。それ以上大きな芽は香りが失われる。タラノキは採りすぎると将来に影響をおよぼすので、味の劣る二番芽や枝の下のほうに生える側芽は摘まないこと。

下ごしらえ　タラノメの極上の香りと特徴的な風味は、手を加えたり、火を通したりすると失われてしまう。葉のような苞葉《ほうよう》や、根元のまわりにある硬い部分は取ってしまおう。和え物にするなら先に茹でておくのがいい。

おすすめ調理法　天ぷら、卵とじ、煮物、炒めもの、味噌汁、和え物（特にクルミ、ピーナッツ、またはゴマと合う）。

チシマザサ ── 千島笹

学名　*Sasa kurilensis*

別名　ネマガリダケ、ジダケ、ササダケ、ヒメタケ（姫竹）、エチゴザサ

採取できる場所　竹の仲間で、世界最北端で育つ。日本の本州中部以北のほか、朝鮮半島やサハリンでも自生。観賞用としてほかの場所でも植えられている。

特徴　形は細長い。かなりの速度で伸び広がり、日本中部や北部の山間部に濃い竹藪を形成している。「姫竹」という通称が示すように優美かつ上品で、北部の温泉郷では代表的な春のごちそうとして供される。

シカが爆発的に増えるとチシマザサ以外の植物を好んで食べることもあり、山や森がたちまち埋め尽くされる。このように時折（過剰なほど）大量に繁殖するにもかかわらず、人気のある食材ゆえ、採取は地域によって許可が求められる。

土地勘のある人について採取するのが望ましい。タケノコがツキノワグマの好物であるからという理由だけではなく、アメリカ中西部のとうもろこし畑で遭難者が出るのと同じで、人の背丈ほどある竹が鬱蒼とひしめく藪では経験の浅い山菜採りが遭難してしまう危険性もある。

チシマザサの開花周期は何十年に一度で、種子はその時しか採れない大変貴重なものだから、食べると寿命が三年延びると言われる。だが、歴史においてはほぼ飢饉や戦時中の飢えをしのぐために食されてきた。

ネマガリダケは「根曲がり竹」の意味で、実際タケノコが地面から斜めに生えることから来ていると思われる。成長すると真っ直ぐ伸びるが、根本はずっと曲がったままだ。

毒性について　竹の専門家テッド・ジョーダン・メレディスの著書『庭で育てる竹』[*9]によると、温暖な地域で育つタケノコはすべて食用になるが、美味とはいえないものがほとんどだ。熱帯や亜熱帯地域で育つタケノコには、嘔吐、めまい、けいれん、そのほかの症状を引き起こすシアン配糖体が高レベルで含まれるものがあるの

で、必ずよく茹でて食すこと。

採取時の注意　前の年の落ち葉から長さ約一〇センチ以下の新芽が突き出ていると思われるから、それを摘むこと。茎の太い竹が揃っている竹藪を探してみよう。ぱんぱんに太くなったタケノコが生えているはずだ。タケノコをつかんで上に引っ張れば、ポキッと折れる音がするだろう。

年々竹の数が増えて鬱蒼としていく竹藪から新芽を間引くことで健全な状態に保つことができるから、普通は採りすぎても問題にならない。ただし、次のタケノコが生えてくる分は残しておくようにしよう。

下ごしらえ　新鮮さがカギ。タケノコはそのままにしておくとえぐみが出るので、採取したその日に処理する必要がある。採取数分後であれば皮を剥いて生で食べることが可能で、甘い汁も味わえる。それ以外は鍋一杯分の冷水に浸し、水面が泡立つまで火にかける。水を切って、先端を切り落とし、皮を剥く。ある資料によると、皮を剥くのは茹でる前よりも茹でた後のほうがよい、なぜならタケノコを鞘のようにおおう皮には繊維をやわらかくして実を白くする化合物が含まれているから、とある。

おすすめ調理法　皮を剥かずに生のタケノコを十五分ほど火で焼く。自分で食べるタケノコの皮は自分で剥き、バーベキューのとうもろこしにそうするようにタケノコに塩を振りかける。湯がいて皮を剥いたタケノコは、味噌汁、味噌煮込み（根菜と、お好みで鶏肉も一緒に）、煮物、炒め煮、卵とじ、天ぷら、タケノコごはんに加えるといい。チシマザサやほかの竹の葉は、防腐作用のある物質が含まれるということもあって、食材を包むのに適している。

テングサ ―― 天草

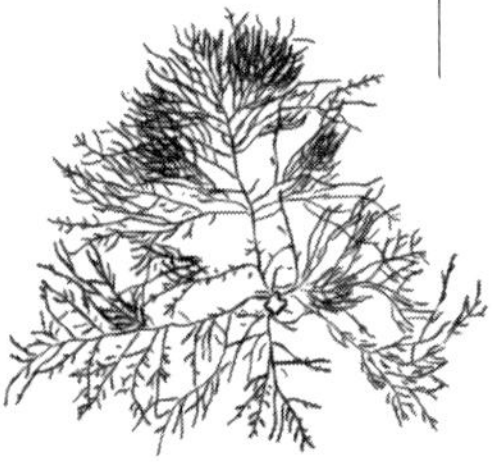

学名 テングサは二十種類以上のテングサ属（*Gelidium*）の海藻を指す言葉で、ところてんを作るのに使われる。一般に使われる種類としてはマクサ（*Gelidium elegans*）、オニクサ（*G. japonicum*）、ヒラクサ、テングサ科の仲間（*Ptilophora subcostata*）、ナンブグサ（*G. subfastigiatum*）、オオブサ（*G. pacificum*）がある。

別名 セッカサイ、マクサ、トコロテングサ、カンテングサ、コルモハ（古名）、ココロブト

採取できる場所 さまざまなテングサ類が日本の沿岸地域に分布する。北米大陸ではGカーチラギネウム（*G. cartilagineum*）という種類のテングサが太平洋岸地域に見られ、ゲル化剤として使用されている。カリフォルニア南部ではGヌディフロンズ（*G. nudifrons*）という種類のテングサが一般的で、同じくゲル化剤として使用される。

特徴 紅藻の一種で、ところてんに使われる。細かく枝分かれした細い枝の先に赤い葉がふわふわと広がり、水中の岩場に寄りかたまっている。大きさは二〇センチくらいになる。特有の磯の香りがあるが、海と陸地のあらゆる環境下で次第に薄れていく。

室町時代（一三三六～一五七三年）までには精進料理のほか、京都の高級料理店の重要な食材になった。テングサの「テン」はところてんの「てん」から来ているという説もあるほど、ゼリー状の麺とは強いつながりがある

ところてんが寒天の原料になることもある。寒天はゼリー化剤として広く使用されており、

かなり歯ごたえのある液状食材になる。江戸時代の慶安三年から寛文九年くらい（一六五〇年代あるいは一六六〇年代）に作り出されたと言われていて、京都近くのある宿屋の主人が残り物のところてんを雪の中に放っておいたところ、冷凍乾燥させた寒天となり、ずっと使い道があるとわかったと言われる。

毒性について　ほぼすべての海藻に毒はない。ただ、どの種類か見極めてから収穫すること。注意が必要になるのはウルシグサ属の海藻だ。褐藻[*10]には硫酸が含まれていて、腹痛を起こすことがある。必ず水のきれいなところから採取すること。

採取時の注意　テングサは低潮線[*11]近くの岩場にも水の深い岩場にも自生する。水中に潜ったり、船から馬鍬《まぐわ》に似た道具を使ったりして採ることができる。岸に打ち上げられたものを集めてもよい。場所や種類にもよるが、ほぼ一年中収穫できて、夏によく採取される。

下ごしらえ　真水で丁寧に洗って砂と塩を落とし、マットの上に広げてしっかり日に当てて乾燥させること。深紅色が薄れて白または薄桃色になるまで、三〜四日毎日洗って乾かすこと。この状態になれば何年ももつ。

　ところてんを作るには、乾燥させたテングサを水で戻し、水と酢を入れて火にかけて濾《こ》して固める。それから天突きという搾《しぼ》り出し器を使って麺の形に切る。

おすすめ調理法　ところてんは一般に酢と醤油、黒蜜、ゴマ醤油で食べられる。付け合わせにはゴマ、刻みノリ、トウガラシ、おろしショウガ。能登半島の輪島では、テングサを米粉と煮た「すいぜん」という刺身を模した料理の一種が作られており、すりゴマ、味噌、黒蜜で食べる。「えびす」は祭りや祝いごとに欠かせない伝統料理。ところてんを温めて溶かし、溶き卵を回し入れる。それを冷やして切り分ける。

ニリンソウ ―― 二輪草

一般英語名　フラシッド・アネモネ

学名　*Anemone flaccida*

別名　フクベラ、ソバナ、ヤマソバ、コモチグサ、プクサキナ（アイヌ語）

採取できる場所　自生しているものは東アジアの森林とその周辺に限られるが、西洋では観賞用の花としても栽培されている。

特徴　ニリンソウは繊細な森の植物で、木漏れ日でまだらになった日陰や湿った土壌を好み、よく渓流沿いに群生する。

　白くかわいらしい花を咲かせるのは春のわずか数日で、夭折の不幸な美女を思い浮かべてしまう。ふつうは一本の草に花を二輪続けざまにつけることから、「二輪の草」という意味の名前が冠されている。

　アイヌの人々には大切な食材で、初春に大量に採取して乾燥させ（現在では冷凍して）、冬に備える。

毒性について　ニリンソウが属するキンポウゲ科には有毒な種類のものが多い。必ずニリンソウに間違いないと確認してから摘んで食べること。

　猛毒のトリカブト属の植物とは特によく似ていて、混じり合って生えていることもある。有毒のキクザキイチゲ（*Anemone pseudoaltaica*）にも似ている。開花段階でよく似た毒草と見分けやすくなるから、ニリンソウが花をつけるのを待ってから摘むのが賢明。

　ニリンソウは生のまま食すと皮膚や胃腸に炎症を起こすおそれがあるが、乾燥したものや調理済みのものなら心配ない。

採取時の注意　春の開花時期に若葉と花の部分を摘み取ること。

下ごしらえ　あっさりしたクセのない風味をしているので、さっと湯がく以外に特別な処理は必要ない。茎や葉と一緒に花やつぼみを食べてもよい。保存するには、日なたで干して乾燥させるか、湯がいて冷凍する。

おすすめ調理法　おひたし、酢の物、お吸い物。大きく成長した葉は天ぷらにしてもよい。乾燥させたニリンソウはアイヌの主要な汁物料理であるオハウの代表的な具材になる。

フキ

蕗。または苳、款冬、菜蕗

一般英語名　バターバー、ジャパニーズ・スイート・コルツフット（バターバーはフキ属の総称。コルツフットもまたフキタンポポ［*Tussilago farfara*］の一般英語名で、同じキク科でも異なる仲間）

学名　*Petasites japonicus*

採取できる場所　日本全国、北海道から沖縄までの山間部および平野部でよく見られる。秋田県以北では、アキタブキ、エゾブキ、またはオオブキ（*Petasites japonicus* subsp. *giganteus*）という大型の亜種が多くを占める。中国と韓国も原産であり、北ヨーロッパ、中央ヨーロッパ、ハワイ、太平洋岸北西部、カナダのオンタリオ州では帰化植物[*12]となっている。

庭で栽培しやすいが、地下茎によって概して勢いよく伸び広がる。

特徴　フキの葉柄《ようへい》の煮物は代表的な日本料理である一方、つぼみは日本中で愛らしい春の知らせと思われており、刺激ある苦味が楽しまれている。懐石料理ではつぼみが季節の味として、手の込んだほかの品の合間に出されるあっさりとしたお吸い物の具として添えられることある。

春先になると淡い黄緑のつぼみ（フキノトウ）が地面から一斉に突き出し、溶け出した薄雪の隙間から太陽を求めて顔をのぞかせるものもある。フキノトウは楕円形の芽キャベツほどの大きさで、葉っぱのような先のとがった苞葉に包まれている。雄花は薄い黄色、雌花は白色でどちらも食用になる。つぼみが開くと、太く堅い茎に丸くてぎざぎざした葉が伸び出す。

アイヌの民間伝承によると、コロポックル（「フキの葉の下に住む人」という意味）と呼ばれる小人種族が、サハリンや千島列島に住んでいた。

毒性について　フキに含まれているピロリジジンアルカロイドは肝臓に有害で、発がん性があるとも考えられる。生で食べたり大量に食したりしないこと。フキのつぼみは同じく春先に地面から生える有毒のフクジュソウ（*Adonis ramose, Adonis amurensis*）のつぼみに似ている。このフクジュソウの苞葉にはフキのような白い産毛がない。フクジュソウの花は明るい黄色の大きな花弁を持ち、薄い黄色の小さな穂状《すいじょう》の花を咲かせるフキとは異なる。

採取時の注意　開き始める前のぎゅっとつぼみを閉じたフキノトウを選び、根元からひねり、ポキッと折って収穫すること。雪国のものがもっとも香りがよいといわれる。強靭な地下茎によって伸び広がるので、通常採りすぎは心配しなくてよい。

時期の終わりには太った葉柄を手鎌やナイフで収穫し、いちばんやわらかい葉以外はすべて捨てる。湿った土壌で育った大きなフキを探し、太くて（赤みのない）緑の茎を選ぶこと。

下ごしらえ　フキノトウはつぼみを塩で揉んでゆすいだり、さっと湯がいたり、刻んで冷水にさらしたりすることで、苦味はいくらか取れるだろう。ただし、この苦味がフキノトウの持ち味でもあるので、取りすぎないように注意すること。

葉柄は先端と根元を切り落とし、沸騰した十分な量の湯の中で十分間くらい茹でる（うんざりする皮剝きがさらに大変になるので、鍋に入る大きさに切ったら、必要以上に小さく刻まないこと）。もしあれば湯に米ぬかを一握り加える。湯を捨てて冷水にさらす。一本ずつ茎の先端と根元の両側から筋っぽい外皮を剝いて、繊維をすべてしっかり取りのぞく。真水に入れて、水が茶色くなったら替えながら十二時間浸す。

　やわらかい若葉は茎と一緒に料理されることもある。茹でる以外に下処理は必要なし。

おすすめ調理法　フキノトウはふき味噌（細かく刻んで油で炒めたフキノトウを味噌と混ぜてペースト状にする）、天ぷら（揚げる前に外側の苞葉をはずすこと）、味噌汁、醤油と出汁で炒めたマリネ、茹でたフキノトウの二杯酢マリネ。葉柄は炒め物（特にさつま揚げか油揚げが合う）、煮物、つくだ煮。薬のような匂いは味の濃い調味料で調整すること。日本では成長した葉はあまり食されないが、韓国ではご飯と肉を包んで出される。*13

ミツバ

——三つ葉

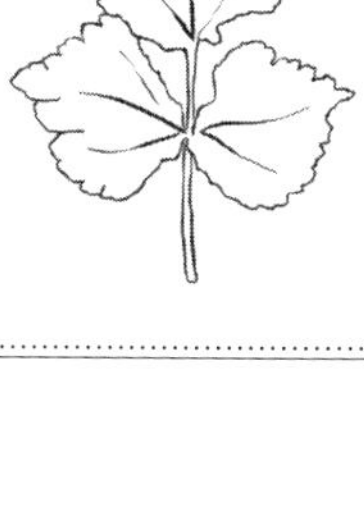

一般英語名　ジャパニーズ・ホーンウォート、ワイルド・チャービル、ジャパニーズ・パセリ

学　名　*Cryptotaenia japonica*（*Cryptotaenia canadensis subsp. japonica*）

別名　ヤマミツバ、ノミツバ、ミツバゼリ

採取できる場所　日本全土と東アジアに豊富に繁殖。同じく食用のシャク（ワイルド・チャービル［*C. canadensis*］）種はアメリカ東部とカナダに多く自生。

特徴　ミツバは「三つの葉」だ。その名の通り、この香草はぎざぎざしたクローバー型の葉を三枚持つ。

日本の農家や庭で広く栽培されていて一年中スーパーで買うことができるが、じめじめした森や地方の日蔭になった道の傍らにいくらでも生えている。天然のミツバは栽培されたものに比べるとあまりやわらかくならないが、味はずっといい。

葉と茎を茹でるとシャキシャキした歯触りになり、ハーブのような風味もするので、ホウレンソウやコマツナのような栽培野菜と合わせてよく食される。汁物や卵料理にはおなじみの添え物。

根や、木質化した茎の根本部分（根茎）も甘くて美味だが、葉ほど食されることはない。成長しすぎてしまうとかなり木に近づいてしまうため、食べにくくなるからだろう。

毒性について　ミツバの葉は、有毒なキツネノボタン（*Ranunculus silerifolius*）、カラスビシャク（*Pinellia ternate*）、ウマノミツバ（*Sanicula chinensis*）の葉とやや似ている。ただ、よく見れば形が違うはずだ。香りも独特だから、においでも見分けられる。

採取時の注意　葉をちぎるか、根っこごと引き抜くこと。根も食べられる。茎の先に白い小花が出てくる前に摘むのが好ましい。

下ごしらえ　生のまま使うか、沸騰した湯にさっとくぐらせること。特別な処理は必要なし。

おすすめ調理法　葉は味噌汁、お吸い物、茶碗蒸し、卵とじ、おひたし（ほかの青菜と組み合わせることもできる）にする。根はきんぴらに。

ミョウガ — 茗荷

一般英語名　ジャパニーズ・ジンジャー

学名　*Zingiber mioga*

別名　メガ（古名）

採取できる場所　天然のミョウガは日本、中国、韓国の日陰のジメジメした場所にのみ自生するが、西洋では栽培植物として育てられることもある。

特徴　ショウガと同じ科に属し、風味や見た目も少し似ているが、ミョウガは根茎部分よりもつぼみが食用とされる。真夏に一度地表に顔を出し、秋にふたたび伸び出す。そのあと黄色いやわらかな花弁が出てくるが、花はわずか一日でしぼんでしまう。

　ミョウガは何世紀も前に中国から伝わり、広く各地の農家の畑に植えられた。村の森で時折「天然」ミョウガを見かけることがあるが、これらは栽培されていた畑から脱走して条件のいい土地で繁殖したミョウガの末裔であるかもしれない。

　初春、農家の人たちはやわらかい若芽「ミョウガタケ」を作り出そうとしてと籾殻《もみがら》[14]に埋める。ミョウガダケはタケの小型版のように見えるが、おわかりのように天然食物ではない。

　ミョウガを食べると忘れっぽくなるという言い伝えもある。

毒性について　英語の文献には、成長した葉と根茎には毒があるとするものもある。だが日本では葉そのものが食されることはないが、成長した葉は昔から殺菌作用があるとして重宝され、団子やおにぎりを包むのに用いられる。

採取時の注意　花が開いてくるといい香りは薄れて、層がしっかり重なりあって生み出されるシャキシャキ感もなくなるので、丸みのあるつやつやしたつぼみがぎゅっと閉じている時期に摘むのが望ましい。

　つぼみはくすんだバラ色で、生い茂る葉に隠れているため見落としやすい。小型ナイフで地表を削ってみること。

下ごしらえ　特別な処理は必要なく、生のままでも火を通しても食べられる。風味が強いので細かく刻んで少しずつ使うこと。

おすすめ調理法　生のままなら、冷たいそばやそうめん用のつゆ、刺身、冷ややっこ、湯豆腐に付け合わせる。キュウリ、ナス、オクラなどの野菜と混ぜてサラダ、酢の物、おひたしにする。柴漬け、ぬか漬け、味噌漬け、粕漬け、甘酢漬けなどの漬け物にもできる。料理するなら、天ぷら、卵とじ、味噌汁、お吸い物。

モズク —— 海蘊、水雲、海雲、藻付

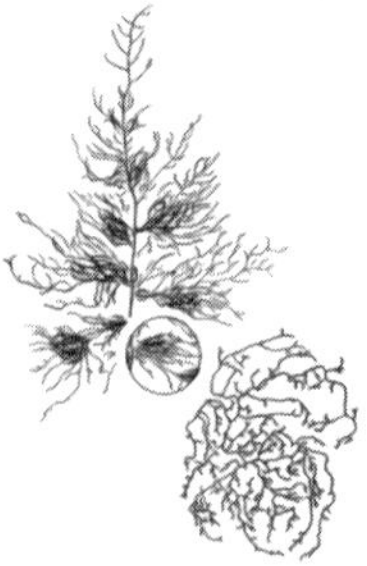

学名 *Nemacystus decipiens*
別名 モゾク
採取できる場所 北海道以南の日本の沖合のほか、ハワイ諸島周辺を含む世界のほかの地域にも自生する。

日本ではモズクという名前で店頭に並んでいるが、実はまったく異なるものがほとんど。オキナワモズク〔*Cladosiphon okamuranus*〕沖縄で広く栽培〕だったり、イシモズクまたはクサモズク〔*Sphaerotrichia divaricata*〕カナダのブリティッシュコロンビア州沖合を含む西部、アメリカのニュージャージー州以北の東部ほか、北米大陸両岸で自生）だったりする。

特徴 「モズク」は「海藻に付く」ことを意味する。褐藻[*15]であるモズクはホンダワラ属の海藻の仲間にくっついて自生する習性がある。

葉状部はまろやかな風味で苦味がわずかにあるくらい。かなりねばねばしていて、形状はカッペリーニに似ている。たいていは酢で食すが、汁物や天ぷらにすることもある。

モズクの漢字表記はいくつかあるが、そのうち「水雲」や「海雲」は細長く枝分かれした葉状部が水中に浮かぶ様子を詩的に表している。

沿岸部の人たちは当然、都市部の人たちに知られるよりずっと以前からこのぬるっとした珍

味を堪能していた。モズクは乾燥させるのが大変だった。乾燥機が開発されるまで、塩で保存されることもあったものの、輸送は困難だった。主に都の貴族がうたった詩歌や、貢物にされた海藻の目録にモズクを目にすることがないのは、おそらくそういうことだ。

毒性について　ほぼすべての海藻に毒はない。それでもどの種類かきちんと見極めて収穫すること。ウルシグサ属（*Desmarestia*）の海藻には注意。この褐藻には硫酸が含まれていて、腹痛を起こすことがある。必ず水のきれいなところから採取すること。

採取時の注意　場所にもよるが、二月から九月にかけて収穫できる。潮下帯《ちょうかたい》でヤツマタモク（*S. patens*）などの特定のホンダワラ類に付いているモズクを探すこと。イシモズクは岩礁で自生し、六月から八月の間に採れる。

下ごしらえ　新鮮なモズクをよく洗い、一口大の長さに切って、水を切る。湯がくと苦味が取れて、茶色から明るい緑色に変わる。保存には同じ量の塩に混ぜてもよいが、現在であれば冷凍するのがずっと効果的だ。

おすすめ調理法　酢の物（三杯酢、二杯酢、ポン酢、土佐酢、酢味噌で。細かくすりおろしたショウガやワサビを付け合わせにしても合う）、天ぷら、味噌汁、雑炊。

ヤマウド ― 山独活

一般英語名　ジャパニーズ・スパイクナード

学名　*Aralia cordata*

採取できる場所　北海道から九州までの森林で自生する。ヤマ（山）がついていることからわかるとおり、天然植物。

似た種類にアメリカン・スパイクナード（*Aralia*

racemosa）がある。カンザス州以東で自生し、昔から根はルートビア[*16]に使われる。

特徴　ヤマウドはタラやフキと並ぶ日本の代表的な山菜だが、苦味の強さから、好きだという人と苦手だという人が同じくらいいる。春の味覚として舌鼓を打つ人もいれば、一年に一度食べるか食べないかという人もいる。だが、天ぷらにして皿に盛られたヤマウドのやわらかい若芽は誰でもおいしく食べられる。

　まろやかな風味にして、筋っぽくなるのを防ぐために、栽培種はホワイトアスパラガスやチコリーのように暗がりで育てられることが多い。野生種は緑色をしていて節が赤く、香りがいいと言われている。

　ウドは漢字で「独活」であり、「自発的に動く」こと。中国では「独遥草」とも言う。風もないのにひとりでに揺れるという意味。

　本州では現在もウド祭りを行っている地域があり、ウド、イタドリ、ドジョウ（川魚の一種）、タニシのほか、ウド以外の山の食べ物を神道の神々にお供えする。体は大きいのに役に立たない人間のことを「ウドの大木」と呼ぶ。ウドは秋には大きく育つのに次の春までには朽ち果ててしまうことや、成長した木は春の芽を摘んだあとには使い道がないことから来ていると思われる。

毒性について　シシウド（*Angelica pubescens*）の若芽ととてもよく似ている。ただ、シシウドの茎はつるつるで、ヤマウドの茎は毛で覆われている。シシウドに毒はなく、むしろ薬用として利用されるが、野菜として食されることはない。

採取時の注意　木は冬に地上部分だけ枯れて、春に地面から新芽を出す。根元部分や少し地面に潜ったところから切り取ること。すぐに成長するから収穫時期は限られている。一本の木に対し、若芽一本にとどめること。

　太くて根元が白いものを探すこと。やわらかくなった地面から顔を出し、以前の切り口から芽吹いているはずだ。普通はそれが大きくておいしい。成長した木の先端のやわらかい部分は、花が開いていなければ天ぷらにできる。

下ごしらえ　茎は収穫直後であれば、切り口が黒ずみ、味が苦くなってしまわない限り、生のまま味噌をつけて食べることができる。ただし、これはウドを好んで食べる人たちだけの楽しみ方だ。

そうでないなら、毛でおおわれた硬い皮をナイフで剝き、切った皮を茶色くならないように酢水（酢を約二分の一カップに対して、水を六カップ）に浸す。そのあとその酢水で数分間湯がく。こうすると苦味は少しまろやかになるが、まったくなくなるわけではない。天ぷらにするなら何もせずに調理すること。

おすすめ調理法　酢と油はどちらもウドの強い風味を和らげる。茎は酢味噌和え（味噌に対して酢の割合を多くしたものを使い、出す前に十五分タレにつけておく）、味噌汁、酢の物、味噌漬け、粕漬け、うどよごし（くるみ味噌和え）にするといい。

若葉や茎の上部は炒めもの、皮はきんぴら、大きくなった先端部分は天ぷらにする。

ヤマグリ ― 山栗

一般英語名　ジャパニーズ・チェスナット

学名　*Castanea crenata*

別名　シバグリ

採取できる場所　九州から北海道南部までの小高い場所にある雑木林のほか、韓国でも自生。フロリダ州、ニュージャージー州、ニューヨーク州ほか、アメリカの一部地域にも見られる。

特徴　日本原産のヤマグリは栽培されて売られているものに比べて小さく、風味はさらに強く、内皮はくっついてしまっていて、はがれにくい。
五〇〇〇年前の縄文時代の大集落である青森県の三内丸山遺跡では、クリもクリの木でできた柱も多数見つかっていて、先史時代からこの植物が重視されてきたことがうかがえる。
日本でクリが栽培されるようになったのは平安時代（七九四～一一八五年）あるいはもっと前からで、明治時代（一九〇〇年代前半）までに五〇〇の栽培品種が存在した。だが、ヤマグリはアメリカのクリの木をほぼ枯死させた胴枯《どうがれ》病《びょう》には耐性があったものの（というかアメリカのクリの木から胴枯病が生じた）、クリタマバチという昆虫に弱かったことで、丹念に作り出された多様な栽培品種は十九世紀中頃までにほぼ全滅した。

類似したもの　一見するとトチノキ（*Aesculus turbinata*）に似ているが、トチノキのトチノミは食せるようになるまでに膨大な処理過程が必要だ（第2章参照）。ヤマグリの殻はトゲがびっしり生えているが、トチノミの殻はつるつるしている。さらにヤマグリの実は片面が平らで先も尖っているが、トチノミは丸い。

採取時の注意　ヤマアラシのようなトゲだらけの殻は熟すと開くので容易に実を取り外せる。それでも分厚い手袋をつけること。野生のクマやサルもクリを好むので、森林の地面をただ探すより、むしろ長い棒で木から成熟した実を叩き落とすのがよいかも。

下ごしらえ　皮がついたまま天日で二、三日干す。虫食いや脱水を防ぐために冷蔵庫で保存すること（冷蔵するとさらに甘くなる）。内皮はさらに剝きにくいので、調理前に鋭い刃物で剝いておくこと。冷水に一晩つけておくと少し剝きやすくなる。あるいは皮剝きは食べる人たちにお願いするのがよいかも。そのあいだに実を皮ごと茹でて半分に切り、中身をすくう小さなスプーンを添えて彼らに供すればいいだろう。

おすすめ調理法　昔から火に焙《あぶ》って食されてきたが、最近は茹でることが多い。栗ごはんにするには、ご飯に皮を剝いたクリ、塩、酒少々を入れて炊く。砂糖で煮詰めて作る栗の甘露煮は菓子に幅広く使われ、ペースト状にしたサツマイモと混ぜれば、おせち料理の栗きんとんになる。

ヨモギ ―蓬、艾

一般英語名　ジャパニーズ・マグウォート

学名　*Artemisia indica var. maximowiczii* (*Artemisia princeps*)

別名　モチグサ、モグサ

採取できる場所　広く九州から北海道まで見られるほか、中国や韓国にも自生。

オウシュウヨモギ（*Artemisia vulgaris*）によく似ている。オウシュウヨモギは薬用としても料理用ハーブとしても使用され、アメリカ全土を含む北半球の温帯に見られる。

特徴　全国の田舎の道端や畑に生えるおなじみの雑草。やわらかい葉の裏側は銀白色で、セージに似た一度嗅いだら忘れない香りを発しているからすぐにわかる。本州北部や北海道などの寒い地域では、大型種オオヨモギ（*Artemisia montana*）が一般的。

　やわらかい新芽は天ぷらにできるし、（少なくとも調べた限りでは）茹で野菜にするより一般的だ。だが、草餅にされるほうが圧倒的に好まれている。炊いたモチ米にヨモギを混ぜて搗《つ》くときれいな緑色になっていい香りを漂わせる。中の餡子《あんこ》とのバランスが絶妙だ。ヨモギはモチと強く結びついているので、モチグサと呼ばれる。米粉とヨモギで草団子が作られ、こちらも広く食されている。

　ヨモギは邪気を祓うと信じられているので、三月三日のひな祭りには草餅が供えられ、五月五日のこどもの日（端午の節句）にはショウブ（*Acorus calamus*）と束ねて玄関先に吊るされる。

毒性について　ヨモギ属には毒性を持つ種類もある。たとえば昔オウシュウヨモギ（Artemesia vulgaris）は孕《はら》んだ子を堕ろすために使われた。常に植物をしっかり見分けてから食すこと。

採取時の注意　春のはじめに顔を出すやわらかい新芽、もしくは春から夏に大きくなった葉の先端を摘むこと。

下ごしらえ　六カップ分の水に塩を大さじ二杯、重曹を小さじ一杯入れて、沸騰させる。そこにヨモギの葉を入れて二分ほど茹でる。そのあと水を切って二十分間水につける。すると苦味が少し取れて、繊維もやわらかくなる。フード・プロセッサーかミキサーにかけてペースト状にする（ミキサーを使う場合は水を少し入れる）。または、包丁の背で叩いて細かくする。ここでペーストを冷凍して、のちほどモチにあわせて使ってもいい。

おひたしや和え物にするには、若葉は筋っぽくて噛み切れないかもしれない。やわらかい若い茎を使うのがいちばんいいだろう。すでに記したように茹でて水にさらすこと。

おすすめ調理法　若葉は草餅、草団子、天ぷらに。若い茎はおひたし、和え物に。

ワカメ ― 若布、和布、稚海藻

学名　*Undaria pinnatifida*

別名　ニギメ、メノハ（古名）

採取できる場所　日本では北海道以南の日本海や、北海道南部から九州までの太平洋沿岸で自生。アメリカからメキシコにかけての太平洋岸沿いほか、世界のさまざまな地域でも見られる。

原産地以外の場所では害となる侵略的外来種[*17]とみなされることが多い。

「翼のある海藻」と呼ばれる種（北大西洋沿岸で見られるアラリア・エスキュレンタ［*Alaria esculent*］、カリフォルニア州からアラスカ州までに見られるアラリア・マルギナータ［*Alaria marginata*］）で代用できるが、水で戻すときは少し長くつけておく必要がある。

特徴　地上の桜の花と同じように、ワカメは水中で春の訪れを告げる。火を通すとなめらかでやわらかく、甘いと言えるほどまろやかな風味で、長く日本料理において重要な海藻のひとつとされてきた。古来より仏教行事に使用され、中世になって庶民の間に広がった。今日では多くの家庭の食卓にほぼ毎日味噌汁の具として供される。サラダ、煮込み、ご飯やほかの料理に加えられることも多い。湯につけると、オリーブ色または褐色からエメラルド色に変わる。カルシウムが多く、オメガ3脂肪酸[*18]も含まれていて健康によい。

日本沿岸の低潮線[*19]から潮下帯までの岩場をはじめ、表面が硬くなった場所に自生。水深一八メートル以内で育ち、摂氏一度〜十三度の冬の水温を好む。長い茎の両側にはぎざぎざした刃が波立ち、この茎が水中で固まってよく鬱蒼とした森を作り上げている。一九五〇年代まで天然のものが採取されていたが、現在では九割以上が養殖。

毒性について　ほぼすべての海藻に毒はない。ただ、どの種類か見極めてから収穫すること。注意が必要になのはウルシグサ属の海藻だ。褐藻には硫酸が含まれていて、腹痛を起こすことがある。必ず水のきれいなところから採取する。

採取時の注意　暑さに弱いので冬の終わりから春にかけて収穫すること。潜るか、先端に刃がついた長い棒を使って船の上から採る。岸に打ち上げられたものを拾ってもよい（鮮度が高いことを確認すること）。

下ごしらえ　生のワカメはよく茹でること。茹でると色が劇的に明るくなり、辛さが抜けてまろやかになる。

　採れたてのワカメは海水でゆすいで日干しにする。ただし、湿気が多いと表面の塩に染み込んでしまうことがあるので、常に何度か干すこと。真水で洗ってから乾燥させてもいい。いくらか風味は落ちるが、かびが生えにくくなる。色を保つには沸騰した湯にくぐらせてから乾燥させてもいいが、水で戻したワカメはやわらかくなりすぎることもある。わら灰や木灰をまぶしてから乾燥させることも昔から行われてきた。

　乾燥ワカメを十分間水に浸せば、量が十倍に増える。乾燥したまま汁物に入れてもいい。生であれ乾燥させたものであれ、ワカメはすぐグチャグチャになってしまうので火を通しすぎないこと。

　新鮮なワカメは冷凍すれば簡単に保存できる。


おすすめ調理法　採れたては、しゃぶしゃぶ、刺身（茹でてから醤油とワサビで）。

　採れたてまたは乾燥ワカメやメカブ（茎の根元にある波型の胞子を放つ葉）は、味噌汁、サラダ、酢の物、若竹煮（タケノコと煮る）に。メカブはアルミホイルで包んでグリルかオーブントースターで五分くらい焼いてもよい。乾燥ワカメはフライパンか電子レンジでこんがり焼いて味つけすれば、おつまみになる。水で戻したワカメは油で揚げてポテトチップスのようにしてもいい。

　冷やしワカメを作るには、新鮮なワカメを湯がいて一晩塩漬けし、そのあと塩抜きして、ゴマ油とトウガラシで味つけする。だが、ヒヤシワカメは家庭ではあまり調理されない。

ワサビ — 山葵

一般英語名　ジャパニーズ・ホースラディッシュ
学名　*Eutrema japonicum*
別名　ハワサビ、ヤマワサビ、サワワサビ、ホンワサビ
採取できる場所　北海道から九州までの渓流のほか、樺太や朝鮮半島でも。
特徴　日本の料理には欠かせない。ワサビがなければ刺身はただの生魚になってしまう。江戸時代初期から栽培されていたが、日本原産で、きれいな渓流やその周辺に自生している。ワサビが生えているのは水が澄んでいる証しでもある。

春のきらめく小川のほとりで、ハート型の若葉が芽を出し、いまにもキラキラ光り出そうとしている……白くかわいらしい花も咲き出した……。そんなすてきな場所はまずない。

天然ワサビの葉は栽培種よりもやわらかくておいしいが、根茎はずっと小さく、無計画な採取によって種の減少にもつながるから、よく考えること。

ユリワサビ（*Eutrema tenue*、別名イヌワサビ）は近縁種で、葉と根茎も小さい。天然のワサビと同じように収穫し、下処理すること。

チューブに入れられて売られている加工ワサビのほとんどは、セイヨウワサビとワサビを混ぜたもの。

毒性について　湿った土壌で自生し筒状の根茎を持つという共通点から、猛毒のドクゼリと間違われてしまうおそれがある。葉はまったく異なる形をしているので、きちんと調べれば簡単に見分けられる。

採取時の注意　つぼみ、花、葉まですべて食べてよいが、つぼみと花は春のたった一か月ほどしか採取できない。

収穫する際は根から抜いてしまわないように茎は引っ張らず、つまむか、曲げて採る。根茎は栽培したワサビのようにすりおろせるが、採りすぎないこと。

下ごしらえ　若葉と花は生のまま食すのがいちばん。両手で強く押しつけると、カラシナに似た辛味が絞り出せる。成長した葉はさっと湯（沸

騰させない）にくぐらせておく。長く火にかけたり、熱すぎる湯にくぐらせたりすると、辛味よりも苦味が出てしまう。

おすすめ調理法　若葉と花は生のまま細かく刻んでサラダに入れる。ゴマ塩で味つけしたご飯を生の葉で包む。刺身の下に敷く。

　成長した葉は茹でて、おひたし、酢の物（三杯酢で）、和え物にしたり、醤油漬け、味噌漬け、粕漬けなどの漬け物にしたりする。

　根は栽培ワサビと同じようにすりおろして使う。塩または砂糖を一つまみ、もしくはレモン汁を一搾り加えると風味が引き立つ。

ワラビ ― 蕨

一般英語名　ブラッケン、ブラッケン・ファーン

学名　*Pteridium aquilinum*

別名　ヤマネグサ

採取できる場所　世界中の温帯や熱帯のほか、日本のほぼあらゆる地域に自生。広範囲で見られる植物のひとつだが、侵略的な雑草とみなされることが多い。

特徴　日本で人気の三大渦巻き状若葉のうち、いちばんよく食べられるのがワラビで、ゼンマイとコゴミがこれにつづく。『源氏物語』の中にもやわらかいワラビについての記述があることから（第3章105ページ参照）、かなり昔からおいしく食されてきたと思われる。

　ワラビは詩や物語で春を思い出させるものとして描かれるが、貧しさや飢えの象徴でもある。歴史上、根から抽出されるデンプンは飢饉の際には米やほかの穀物の代わりになった。

　若芽は木が鬱蒼と茂る森林より、草地のほか、林の開けた場所や、焼かれたり崩れたりした土地によく見られる。そうした場所に春の中頃になると生えてくるが、たくさん出てきて手鎌で刈り取られることもある。

鉛筆くらいの太さの茎一本一本の先端に渦巻き状の葉の房がある。日本では「拳《こぶし》」と呼ばれ、開くと革のように硬い三角形の葉が突き出し、九〇センチもの長さになる。

毒性について　多くの西洋の出典では、ワラビには毒や発がん性物質があるとして、摂取には注意をうながしている。だが、日本人が試みるように重曹などのアルカリ性物質と一緒に茹でれば、毒性は弱まる。適切な処理をしてたまに食す限りはおそらく安全だが、常食にすべきではない。

ほかのシダ植物にも毒性や発がん性のものがある（そして全然おいしくない）。そうした種類の渦巻き状若葉も食用になるものと同じように見えるかもしれないから、何を採ったか、何を買ったかを、必ず確認した上で食すこと。

採取時の注意　渦巻き状若葉が開く前に摘むこと。茎のやわらかくなっているあたりを、アスパラガスのようにポキッと折る。

下ごしらえ　水洗いして四角い平鍋の中に入れ、重曹をまぶす（ワラビ四五〇グラムに対し、約大さじ一杯）。鍋に熱湯を注ぎ、ワラビを浸して一晩おく。翌朝水洗いして、水を二回替えながら冷水に数時間つける。こうすればワラビをつぶさなくても苦味が取れる。

重曹の代わりに木灰を少しつかんで入れてもよいが、これをどれくらい入れたらいいか見極めるのはなかなかむずかしく、うまくいかないことが多い。

おすすめ調理法　おひたし（かつおぶしを散らして醤油をたらすとよい）、味噌汁、白和え、酢の物、煮物、醤油のマリネにしたうどんの付け合わせ、粕漬けや味噌漬けなどの漬け物。

注

※傍線付きのものは筆者による注、その他は日本語版の読者に益すると思われる訳者による注。

日本語版刊行によせて

＊1　ウェンデル・ベリー　一九三四年、ケンタッキー州生まれ。農業を営むかたわら、詩人、小説家、哲学者として環境保全のメッセージを発信する。多数の小説、短編、詩、エッセイを刊行し、T・S・エリオット賞ほか多数受賞。主な作品に『ウェンデル・ベリーの環境思想　農的生活のすすめ』（加藤貞通訳、昭和堂、二〇〇八年）など。

はじめに

＊1　「君がため春の野に出でて若菜つむわが衣手に雪はふりつつ」　光孝天皇（天長七年［八三〇年］〜仁和三年［八八七年］）のこの和歌は『古今集』巻一、春歌上二十一番にあるもので、「あなたに差し上げようと春の野に出て若菜を摘んでいましたら、衣の裾に雪がしきりにふりかかります」ということ。第1章38ページも参照。

＊2　伴貞子さんの文章　伴貞子さんは一九九九年に随筆集『鐘の音』（四六判、208ページ）を自費出版し、翌年二〇〇〇年の第3回日本自費出版文化賞の入賞作品に選出された。

＊3　コゴミ　屈。クサソテツ。シダ植物の多年草。美しい緑の葉で、春から初夏に渦巻状の新芽を出す。この新芽が食用になる。地方によって「コゴメ」と呼ばれる。「野草・海藻ガイド」247ページ参照。

＊4　「多くの先住民は天然植物を食す文化を育んできた」　アメリカでも野草や木の実の採取は趣味として人気のある娯楽だが、ジーナ・レイ・ラ・サーヴァが『野生のごちそう　手つかずの食材を探す旅』（棚橋志行訳、亜紀書房）で指摘する通り、

これまでも歴史上において深い問題を抱えてきた（Gina Rae La Cerva, *Feasting Wild: In Search of the Last Untamed Food,* Vancouver: Greystone Books, 2020）。

ラ・サーヴァによれば、西欧からの入植者たちは「手がつけられていない荒野」に到着したと考えているが、そうではなくすでに先住民が「栽培化した自然」の中に分け入ったのだ。アメリカの先住民はすでに数千年かけて、野焼きなどによって大草原や森林における野鳥や食用植物の種類と量を高めていたのだ（一部の地域では農業も行っていた）。

だが、後から到着した者たち――つまりわたしたちの祖先だ――は、先住民が作り上げた原野は荒地であり、農業開発が必要と見なした。彼ら西欧の植民者たちは「人は自身の労働を『未使用』の土地に適用することで、その土地の所有権を主張できる」というジョン・ロックの思想を正当なものとしてこの状況に当てはめ、先住民から草木や木の実の採取と野生動物の狩猟を取り上げたのだ（従来の土地管理は労働と見なされなかった）。

たちまち北米東部の深い森林は草地と低木地に変貌した。西部に行けば、農作が大規模に進められ、野生動物の乱獲が無尽蔵に行われた。今わたしが住むイリノイ州においては、この時代に入植者たちによって州のプレーリー（大草原）の面積が五十年間で六分の一から一〇〇分の一まで縮小した（イリノイ州自然史調査所）。

バーバラ・バートン『マヌーミン　ミシガンの自然がもたらす米』(Barbara Barton, *Manoomin: The Story of Wild Rice in Michigan*, East Lansing, MI: State University Press, 2018［未訳］）によると、ミシガン州は沼地を干上がらせて川の流れをまっすぐにして森林の伐採と農工業を押し進めたが、これによって先住民ニシナアベクの人たちの生活の糧であったマヌーミン（自然から採取できる米）の広大な群生は消滅した。

数千年におよんで「原初」の風景を形成してきた先住民からすべてを奪い取り、国家の陰惨な変革がほぼ完了した後、ようやく「原初」の荒野の一部を保存しようとする動きが見られるようになった。

今日、シャイアン族は植民者たちによって失われたアメリカの原風景と食事法を、植民者たちとはまるで違ったやり方で復元しようとしている。

＊5 **ギョウジャニンニク**　行者大蒜。ネギ属の多年草。ニンニクやネギのような強烈な香りが特徴。「野草・海藻ガイド」245ページ参照。

＊6　アザミ　薊。キク科アザミ属の植物。根は山ゴボウとして漬け物にされる。

＊7　クサフジ　草藤。マメ科ソラマメ属のツル性多年草。成長が早く新芽も次々に出てくるから、田畑の肥料や牧草として利用される。

＊8　「しばらく頑張っていると、肩がこり、頭が痛くなり、心の悲しみが広がっていきます。そんな時は、家の裏の丘をさまようよりも良い治療法はありません」　伴貞子さんによる前出注2の随筆集『鐘の音』より。

＊9　大貫恵美子（Emiko Ohnuki-Tierney）一九三四年日本生まれのアメリカ国籍の文化人類学者。ウィスコンシン大学マディソン校人類学部教授。

＊10　「歴史的には庶民は近代になるまでコメを頻繁に食することができなかったのだ」　大貫恵美子『コメの人類学　日本人の自己認識』（岩波書店、一九九五年）に、「今日、米といえば精白米のことであるが、日本人が精白米を食べるようになったのはそう昔のことではない。多分、元禄から享保にかけて、つまり一七世紀末から一八世紀初頭とみるのが一般的である」（30ページ）、「稲作は紀元前三五〇年前後に伝播して以来二〇〇〇年以上にわたっておこなわれてきたとはいえ、日本全国津々浦々に農業の中心として広まっていたわけではないことである。つまり、米が必ずしも日本全域で主食として用いられてきたわけではないのだ」（60ページ）とある。

＊11　「日本各地にある縄文人が残した貝塚から出土した貝の種類はざっと三五〇種類以上」　永山久夫『「和の食」全史　縄文から現代まで長寿国・日本の恵み』（河出書房新社、二〇一七年、15〜16ページ）。

＊12　「ユリ根、ヤマイモ、カタクリなどデンプン質系の他に山菜、キノコ、海藻類、さらに縄文酒の原料となったヤマブドウ、ガマズミ、ニワトコ、キイチゴなど遺跡に残りづらい植物も数百種あったとみられている」　『「和の食」全史　縄文から現代まで長寿国・日本の恵み』18ページ）

＊13　「縄文時代は狩猟採集民にとってほぼ理想的な期間であった」　Conrad Totman, *A History of Japan* (Wiley-Blackwell; 2nd edition, 2005).コンラッド・タットマンについては第2章注13（300ページ）参照。

＊14　「……また、時代を遡るほどにその複合性には強いものがあったと言える」　野本寛一『栃と餅　食の民俗構造を探る』岩波書店、二〇〇五年、21ページ。

＊15 「多くの農村地域で山菜を食べることは恥ずかしいことだと思われた」 辺見金三郎『食べられる野草』（保育社カラーブックス一三四、一九六七年、115～116ページ）

同書一一五ページに、「まだ戦争が続いているうちに世を去ったわたしの妻は、長野県の農村の出身でしたが、妻とともにわたしがはじめてその生家を訪ねた時、駅からの野道を歩いていて、きれいな清水のわいているところに、やわらかそうなみごとなセリが盛り上がるように生えているのをみつめました。採って行こうというと、妻は顔を赤らめ、同行の親類たちに聞こえないよう小声で、そんなものを摘んだりすると笑われる、いうのです。（……）東京から来ていたムコさんがたんぼでセリを摘んだ、と笑われるからはずかしい、というわけです……」とある。

＊16 「栽培された野菜はひどく汚れているからよく洗って食さなければならない」 山田幸雄、山田三重子『続 山菜入門』（保育社カラーブックス三五四、一九七六年）に、次のように記されている。

「貝原益軒という人は、『大和本草』を著した著名人ですが、他に『花譜』（一六九四）続いて『菜譜』（一七〇四）という農書―栽培指導書を著しています。この菜譜、巻の上の惣論におもしろい話があります。『閑情寓奇に曰《いわ》く、園につくる菜は、いずれも不浄を用いるゆえ、甚《はなはだ》けがらはし、水にひたして、根をいくたびもよく洗い、葉はわらばけ（わらのはけ）にうらおもてよりなでてあらい用いるべし……』と、栽培品と自然のものとを明確に区別しています」（106ページ）

＊17 七十二候 七十二候についてさらにくわしく知りたければ、Liza Dalby, *East Wind Melts the Ice: A Memoir Through the Seasons* (Oakland: University of California Press, 2009) 参照。

＊18 「自然の食物を採取して食す文化が強く根差した小さな山村は過疎化が進み、廃村となったところもある」 日本の三大都市の東京、大阪、名古屋に現在全国の人口の半分以上が集中し、東京はそのうちの三割を占めている。政府はこの傾向がさらに続くと見ており、二〇五〇年までに現在の居住地域の二割に誰も住まなくなると予測される。二〇二二年現在、全国の約三分の一の村の住民の過半数は六十五歳以上となっている。二〇一五年から二〇一九年までに人口減少のために廃村となった村落は一三九で、廃村が危ぶまれる村落は二七四四（総務省統計）となる。

＊19 「アメリカの先住民が昔から試みてきた」 アメリカ先住民ポタワトミ族の植物学者のロビン・ウォール＝キマーラーは、『苔を採取する 苔の自然史と文化史』（Robin Wall Kimmerer, *Gathering Moss: A Natural and Cultural History of Mosses*, Corvallis,

OR: Oregon State University Press, 2003〔未訳〕で、多くの先住民文化の中心を担う「相互主義の網」について雄弁に語っている。

「アメリカ先住民は必要なものを採取するだけで、常に自然を豊饒な状態に保つ。先住民は川や雲や木や鳥や藻やサンショウウオを保護するが、文明はこうした自然の生命を危険にさらす。人類の設計システムは自然の生態系を健全に維持継続などできないし、自然に対して何かを返還することもない。

わたしたちはいつか自制することを覚え、苔のようにつつましく生きられると強く信じている。いつか森に感謝を捧げることができれば、森がわたしたち人間に感謝する声を聞き取れるかもしれない」

＊20 セリ　芹。セリ科の多年草。日本全国の山野に自生。古代より食用にされてきた。

＊21 ドクセリ　八〇センチメートルから一メートルくらいになる大型の多年草。若い葉や花は食用のセリによく似ている。誤食するとめまい、流涎、嘔吐、頻脈、呼吸困難などの症状が現れ、死亡する危険性もある。毒成分は皮膚からも吸収されるので注意が必要だ。国内外で牛馬の死亡例も多い。

＊22 サミュエル・セイヤー　一九七六年ウィスコンシン州生まれ。独自に自然の植物の採取を学び、著者も *The Forager's Harvest: A Guide to Identifying, Harvesting, and Preparing Edible Wild Plants* (Foragers Harvest Press; 2006) ほか多数。二〇〇一年に野草や木の実の採取の研究所（Forager's Harvest）を設立し、所長として出版物の刊行を進めている。

第1章

＊1 籾殻　米を包む外皮。堆肥として再利用されるほか、畑の保温や保湿などに使われる。

＊2 ハコベ　繁縷、蘩蔞。ナデシコ科ハコベ属の植物。一年中、日本のいたるところで見られる。

＊3 ノビル　野蒜。ユリ科ネギ属の多年草。日本全土の野原、河原などに自生。

＊4 カキドオシ　垣通し。シソ科の植物。レンセンソウ（連銭草）、カントリソウ（癇取草）とも。

＊5 ヨモギ　蓬。キク科の多年草。日当たりのよい原野や道端などに密集して生える。モチグサ（餅草）とも。「野草・海藻ガイド」273ページ参照。

＊6　**クレソン**　オランダガラシ（和蘭芥子）とも。アブラナ科の多年草。ヨーロッパが原産の水生植物。明治時代に日本に持ち込まれたとされるが、繁殖力が強く、日本各地の河川敷や小川に群生している。水中や湿地に生育する。

＊7　**セリ**　「はじめに」注20参照。

＊8　**カンゾウ**　甘草。マメ科の多年草。薬用植物として知られ、根を乾燥させたものが生薬として用いられる。

＊9　**「湯がいたノビルの緑色の部分を白根に巻きつけて束のようにして、フキ味噌につけて食べるもの」**　「一文字ネギのぐるぐる」という郷土料理として熊本では親しまれている。

＊10　**シバムギ**　ヒメカモジグサとも。単子葉植物イネ科シバムギ属の雑草の一種。

＊11　**奈良時代の粥**　森田潤司「季節を祝う食べ物（2）新年を祝う七草粥の変遷」（『同志社女子大学生活科学＝DWCLA human life and science 44 84-92, 2011-02-20』）を参考にした。

＊12　**粥に入れるこの七つの薬草**　一三六二年頃に書かれた四辻善成による『源氏物語』の注釈書『河海抄《かかいしょう》』に、今もよく知られる「芹《せり》、なづな、御行《ごぎょう》、はくべら、仏座《ほとけのざ》、すずな、すずしろ、これぞ七種《くさ》」の記述が見られる。これが七草の初見とされるが、作者は不詳とされている。

＊13　**ハハコグサ**　キク科ハハコグサ属の越年草。道端や畑などに生える小型の草。春から初夏に黄色い花を密に咲かせる。

＊14　**コオニタビラコ**　小鬼田平子。キク科に属する越年草のひとつ。タビラコ（田平子）やホトケノザ（仏の座）とも。

＊15　**アーティチョーク**　キク科の多年草。和名はチョウセンアザミ。地中海原産の植物で若いつぼみを食用とする。

＊16　**ポール・バニヤン**　アメリカ北部の森林で活躍したと言われる巨人で怪力の材木切り出し人。

＊17　**極相林**　英語はclimax forestで、安定した動植物の持続的共同体からなる森林のこと。

＊18　**「最終氷河期寒冷期の遺物として『凍結』したまま残された」**　日本全国の里山には、二万年前の最終氷河期に森に繁殖したカタクリやギフチョウが今も見られ、生息する。里山の生態系保存の役割について、拙論“Japan's Creeping Natural Disaster”（*The Japan Times*, August 23, 2009）を参照。

＊19　**コゴミ**　「はじめに」注3参照。

＊20　**ギョウジャニンニク**　「はじめに」注5参照。

＊21 **ザゼンソウ**　座禅草。花弁の重なりが僧侶が座禅を組む姿に見えることからこう呼ばれるようになったと言われる。悪臭があることから英語では Skunk Cabbage（スカンクキャベツ）と言う。

＊22 **トマス・J・エルペル**　一九六七年、カリフォルニア州ロスアルトス生まれのライター。植物学、天然植物の採取など、自然と植物に関する書籍や記事を多数執筆。

＊23 **「タンポポの葉は『春の強壮剤』を含んでいて、長い冬に腹に入れたが、肝臓が消化しきれなかったものを浄化する」** Thomas J. Elpel, *Botany in a Day: The Patterns Method of Plant Identification: An Herbal Field Guide to Plant Families of North America* (Hops Press, 2013, p. 164)

＊24 **ヤマウド**　山野に自生するが、栽培も行われている。葉や茎は香りが強く、山菜として好まれる。ウドとも呼ばれる。「野草・海藻ガイド」269ページ参照。

＊25 **「身土不二《しんどふに》」なる仏教の精神**　これまでの自らの行いである「身」と、その身がよりどころにする環境である「土」は切り離せない、というもの。

＊26 **「身土不二《しんどふじ》」**　地元の旬の食物や伝統食が体によいという食養運動のスローガン。

＊27 **花ころもの天ぷら粉**　日穀製粉株式会社の「天ぷら粉一番花ころも」。商品説明に、「精選された薄力小麦粉を主原料に製造した天ぷら専用粉」とある。

＊28 **ピースマスクプロジェクト**　ピースマスクとは白い和紙で作るマスク。二〇一四年にＮＰＯ法人として認定を受けた。特定非営利活動法人ピースマスクプロジェクトの定款に記載された目的に、「この法人は、現在積極的な会話の場が求められている中国・韓国・日本をはじめとした歴史的軋轢や、世界に存在する紛争などの課題に対し、これから未来を創造する若者達が、芸術面で共同して同じ制作をするピースマスクプロジェクトを通して、平和の会話を促進させ、平和意識の共有を行うことを目的とする。また、社会福祉や学校現場など、他との関係性が重要視される場面で、ピースマスクプロジェクトを通して信頼関係や共同意識の復活を目指すことを目的とする」とある。

＊29 **「……一〇〇人のモデルの顔を型取りしたマスクが制作、展示された」**　「ヒバクシャ・ピースマスクプロジェクト展」として、二〇一七年三月に、広島市中区の妙慶院で展示された。

＊30　**高浜発電所**　福井県大飯《おおい》郡高浜町にある関西電力の原子力発電所。一号機から四号機まで四基の原子炉の合計出力は三三九・二万キロワットである。

＊31　**フィンドホーン**　スコットランドのモーレイにある村。人口約一〇〇〇人。

＊32　**パーマカルチャー**　資源維持と自足をめざした農業生態系の開発。この言葉はパーマネント（永続性）、農業（アグリカルチャー）、文化（カルチャー）の三語を組み合わせて作られた。一九七〇年代にオーストラリアのビル・モリソン、デイヴィッド・ホルムグレンが提唱したのが始まりで、それ以来、世界中で実践されている。パーマカルチャー・センター・ジャパン（ＰＣＣＪ）では、パーマカルチャーとは「永続可能な農業をもとに永続可能な文化、即ち、人と自然が共に豊かになるような関係を築いていくためのデザイン手法」と定義している。

＊33　**『善い生活』**　原題 *The Good Life: Helen and Scott Nearing's Sixty Years of Self-Sufficient Living*（一九八九年）。

＊34　**『スモール・イズ・ビューティフル』**　一九七三年にイギリスの経済学者エルンスト・フリードリッヒ・シューマッハーが発表した経済学に関するエッセイ集（原題 *Small Is Beautiful: A Study of Economics As If People Mattered*）のタイトルに由来する。同書の邦訳は講談社学術文庫から（小島慶三、酒井懋訳、一九八六年）。

＊35　**ジューンベリー**　バラ科ザイフリボク属（Amelanchier）の植物で、紫色の小果は食べられる。

＊36　**大きな丸い鐘がかかった神社**　「貯水タンク施設」の近くに熊野神社がひっそりと立っている。

＊37　**福井県大飯郡高浜町今寺**　金さんのご自宅は今寺、アトリエは高野集落にある。

＊38　**「フキの葉はすごく大きくなるので、それを傘にしたらいいとうたう民謡」**　秋田を代表する民謡「秋田音頭」の一節に、「秋田の国では雨が降っても、からかさなどいらぬ、てごろの蕗の葉そろりとさしかけ、さっさと出ていくわい」とうたわれるように、葉は直径一メートルにもなると言われる。

＊39　**ギシギシ**　タデ科の多年草。名前の由来は諸説あるが、茎をこすり合わせるとギシギシという音がすることから名付けられたとも言われる。暖かくなると成長し、四〇〜一二〇センチほどになる。春から夏に花を咲かせ、その後実をつけてたくさんの種を落とす。

＊40　**アサツキ**　浅葱。エゾネギとも言う。食用とされるネギ類の中ではもっとも葉が細い。畑で栽培されるが、山野で自生も

見られる。

＊41　**笑う馬の彫像がある寺**　今寺に近く、馬の像がある寺。馬頭観音を本尊とする、西国三十三所観音霊場二十九番札所の松尾寺。

第2章

＊1　**静岡県に伝わる口誦句**　野本寛一は『栃と餅　食の民俗構造を探る』（岩波書店、二〇〇五年）の41ページ、43ページに記している。「静岡県磐田郡水窪町には、『栃を伐る馬鹿、植える馬鹿』という口誦句《こうしょうく》がある。大切な食糧を恵んでくれる栃の木を伐るのは愚か者だというのはよくわかるが、「植える馬鹿」の意が一見不可解である。ムラびと達は次のように語る。栃の苗木を植えてから、その一本の栃の木が豊かな実をつけるようになるまでは人の世代で三代かかる。食糧がないからといって、植えればすぐに実がなると思うのは愚か者である。人と栃とのつきあいはじつに息の長いものなのだ」

＊2　**「お祭りのときにも米のモチをつくということはほとんどなく、トチモチをついてお祝いをするんだ」**　宮本常一「日本人の主食」石毛直道監修、熊倉功夫責任編集『日本の食事文化（講座 食の文化）』（味の素食の文化センター、一九九八年）より。本書63～65ページに宮本が岐阜県の石徹白《いとしろ》という村を訪れて、役場へ行ったところ、宿屋を開いている村長に「わしの家へ泊まれ」と言われ、そこで村長にいろいろ話を聞いたとある。

＊3　**『トチノキの自然史とトチノミの食文化』**　和田稜三「はじめに」（谷口真吾・和田稜三『トチノキの自然史とトチノミの食文化』（日本林業調査会、二〇〇八年、五ページ）。

＊4　**「巨木と水源の郷をまもる会」の発表会**　「トチノキ発表会」は毎年春に開催されている。二〇一六年三月二十七日の第五回の発表会では飯田義彦さんと手代木功基さんが研究発表している。

＊5　**「トチノキの巨木が固まっている場所を突き止めて、なぜそこに今も残っているのか解明する」**　ここで紹介する藤岡悠一郎氏と手代木功基氏の話は、トチノキが日本の社会で果たしてきた役割について記した藤岡氏と手代木氏の膨大な論文のほか、飯田義彦氏（筑波大学准教授）と八塚春名氏（日本大学）の論文も参考にしている。

＊6　**ウバユリ**　姥百合。ユリ科ウバユリ属の多年草。山地の森林に多く自生。

＊7　**ジェームズ・ジョージ・フレイザー**　一八五四年にスコットランドのグラスゴーに生まれ、一九四一年没。原始宗教と儀礼、神話、習慣などを比較研究した『金枝篇』（一八九〇〜一九三六年）を著した。邦訳は岩波文庫（全五巻、永橋卓介訳、一九八三〜一九九一年）など。

＊8　**朽木**　朽木村は二〇〇五年に高島郡の高島町、安曇川町《あどがわちょう》、新旭町、今津町、マキノ町と合併して高島市となった。合併後は「高島市朽木〇〇」と住所表記され、今も朽木の名は残されている。

＊9　**昔の百貨店**　滋賀県朽木の丸八百貨店。昭和八年に建てられたアンティークな木造洋館で国の登録文化財に指定されている（地域の女性グループ「睦美会」が管理・運営）。平成七年に旧朽木村が土地と建物を買い取り、改修工事が行われる。著者が訪れた無料休憩所・カフェは一階にあり、三階が会議スペースになっている。

＊10　**在来工法**　柱と梁で建築の骨組を作っていく木造軸組構法。古くから発達してきた伝統工法を簡素化した構法。

＊11　**「現在の大津市内の琵琶湖の南端の粟津湖底に水没していた縄文時代の貝塚」**　この前後の執筆にあたり、伊庭功「粟津湖底遺跡から見た縄文時代の生業と環境」(Subsistence and environment of the Awazu Shell Midden in the Jomon Period)『国立歴史民俗博物館研究報告』第八十一集（一九九九年三月）を参考にした。

＊12　**渡来人**　三世紀から七世紀頃に大陸（中国、朝鮮半島など）から日本に移住した人々（移民）。

＊13　**コンラッド・タットマン**　一九三四年生まれ。アメリカの歴史家、学者、作家、翻訳者、日本学者、イエール大学名誉教授。著作に、*A History of Japan*（二〇一四年）など。

＊14　**邪馬台国**　二世紀〜三世紀に日本列島に存在したとされ、所在地については九州説と畿内説の二説が有力で二十一世紀に入っても議論がつづいている。

＊15　**「安曇川下流の湧水の村で有機農業を営む人」**　「針江生水の郷」で「針江のんきふぁーむ」を設立し、有機農業をしている石津文雄さんのこと。「針江生水の郷」は滋賀県高島市新旭町針江の静かな小さな村で、二〇〇四年一月にＮＨＫハイビジョンスペシャルで放映された写真家、今森光彦さんの映像詩『里山・命めぐる水辺』の舞台になり、知られるようになった。

＊16　**嘉田由紀子元滋賀県知事も参加**　「巨木と水源の郷をまもる会」の7回目の発表会で、二〇一八年三月二十五日に高島市

朽木「丸八百貨店」で開催された。嘉田由紀子氏は現在は参議院議員で、二〇一四年まで滋賀県知事を務めた。https://kadayukiko.jp/archive/archive-1875/

＊17 **「石鹸を食べたようなものかもしれない」** 石鹸も灰汁《あく》から作られるものがある。ライ・ソープ（灰汁から作る石鹸）は世界で昔から作られていたが、戸外に木製の灰置き場を建てて、この漏斗上の灰入れに水を入れると、下の細い口から灰汁が出てくる。それに飼料用動物性油脂を混ぜて熱して固まるまで冷やすと、ライ・ソープができあがる。

第3章

＊1 **「石走る垂水の上のさわらびの萌え出ずる春になりにけるかも」** 「石の面をはげしく流れ落ちる滝のほとりに、ワラビが芽を出している。いよいよ春になったなあ」と春の訪れの喜びを歌っている。

＊2 **志貴皇子** しきのみこ（?～霊亀二年［七一六年］）。日本の飛鳥時代末期から奈良時代初期にかけての皇族。『万葉集』に六首の和歌を残している。

＊3 **「ワラビの祖先のシダ類は草食恐竜の主要な餌の一つだったといわれている。恐竜は絶滅したけれどワラビはしぶとく生き残って、今地球上のあらゆる所に繁茂している」** 湯沢正「ワラビに夢をかける」『西和賀の山菜』第二版（西和賀の自然と文化シリーズ6、西和賀エコミュージアム、二〇一二年、63ページ）

＊4 **蝦夷** 日本古代史上、日本列島の東国（現在の関東地方と東北地方）や、北方（現在の北海道や樺太）などに住み、統一国家の支配に抵抗し、その支配の外に立ち続けた人たちの呼称。

＊5 **ネイスン・ホプソン** 名古屋大学文学部教授。専門はアジア、日本地域研究、日本近代史。

＊6 **「上空通過地域」** 英語はa flyover zoneで、flyoverは「上空通過するだけの州、地域」という意味で、東西両海岸に比べて重要でないとされる中西部のことを茶化した言い方。

＊7 **木造の田舎風の駅** 温泉付きの駅舎がある、JR北上線ほっとゆだ駅。浴場には信号があって、列車の発車四十五分前になると青信号がともり、三十分前に黄信号、十五分前には赤に変わって出発時刻を教えてくれる。

＊8 **「亡き宮にと　幾歳月も春ごとに　摘んでは献上した　なつかしの初蕨を　故宮の思い出とともに」** 瀬戸内寂聴訳『源氏

物語　巻九』（講談社、一九九八年）7ページ、12行の下段。

*9　**「誰もみな亡くなった　今年の淋しい春は　亡き父宮の形見にと　摘まれたこの山の早蕨　誰に見せればよいのやら」**　同右、8ページ、6行の下段。

*10　**萱峠**　岩手県和賀郡西和賀町から秋田県横手市を結ぶ峠。標高六四四メートル。

*11　**沢内年代記**　西和賀地方に古くから伝わる年代記。著者が誰かは定かでなく、いくつかの系統と異本が存在する。歴史において写本を重ねるうちに追記が少なからず加わったからと思われる。

　ここでは一九六三年、当時村長であった太田祖電が編纂し、沢内村（岩手県和賀郡）の沢内村教育委員会より出版された『沢内年代記』（沢内村郷土史シリーズ第2集）を参照の上、引用した。江戸時代の原文は訳者上杉隼人が現代文に直し、必要に応じて解説も加えた。また、「杜父魚ブログ」（http://kajikablog.jugem.jp/）に収録されていた、平成十一年度に沢内村教育委員会が発行した『沢内年代記（総集編）』を基に記したという高橋繁「『沢内年代記』を読み解く」（一）から（三十四）[http://kajikablog.jugem.jp/?eid=995978] も大いに参考にした。記して謝意を表する。

*12　**「『根花（ワラビの根の澱粉）』を売ったり、あらゆる草木や木の実を食したりして飢えをしのいだという記述も時折見られる」**　『沢内年代記』天保四年（一八三三年）などの記録に、次のような記述が見られる。「……根花一升百三十文ヨリ百四五十文迄」（……根花は一升一三〇文［約三二五〇円］から百四十五文［約三七五〇円］で取引された」）。

*13　**アラン・マクファーレン**　一九四一年、インド北東のアッサム生まれ。イギリスの人類学者、歴史学者。ケンブリッジ大学キングス・カレッジ社会人類学名誉教授。イギリス、ネパール、日本、中国関連の著作のほか、日英の比較研究などで知られる。代表作に、『イギリスと日本　マルサスの罠から近代への跳躍』（船曳建夫監訳、工藤正子、北川文美、山下淑美訳、新曜社、二〇〇一年）

*14　**「社会的大惨事と共食いのイメージを喚起する」**　コンラッド・トットマン『日本の歴史』（第二版、二〇一四年［*A History of Japan, Blackwell History of the World*］未訳）、18ページ。

*15　**『沢内年代記』からの引用**　すべて太田祖電『沢内年代記』（沢内村郷土史シリーズ第2集、内村教育委員会、一九六三年）『沢内年代記』より引用、高橋繁「沢内年代記」を読み解く（二十六、http://kajikablog.jugem.jp/?eid=997237）を参考にし

た。

＊16　『沢内年代記』からの引用　太田祖電『沢内年代記』（沢内村郷土史シリーズ第2集、内村教育委員会、一九六三年）『沢内年代記』より引用、高橋繁「沢内年代記」を読み解く（二十七、http://kaikablcg.jugem.jp/?eid=97278）を参考にした。

＊17　上杉鷹山の思想　次期藩主に家督を譲る際に申し渡した「伝国の辞」には、次のように記されている。

一、国家は先祖より子孫へ伝え候国家にして我私すべき物にはこれ無く候
一、人民は国家に属したる人民にして我私すべき物にはこれ無く候
一、国家人民の為に立たる君にして君の為に立たる国家人民にはこれ無く候

＊18　「それ以外の緊急食の保持も不可欠であった」　米沢市上杉博物館学芸員の佐藤正三郎氏によると、藩民には代用食として粥などを食すことが勧められ、備蓄米が安価で配布されたほか、郷士（江戸時代の武士階級の下層に属した人々。武士の身分のまま農業に従事した者や、武士の待遇を受けていた農民）に農作物の種が配布され、困窮する藩民のもとには援助にあたる者が送られたという。上杉鷹山と莅戸善政は米沢藩の経済改革に長年取り組んでいたので、その効果が表れたとも考えられる。

＊19　「西和賀は明治末から大正にかけて銅鉱が採掘され」　明治三十三年（一九〇〇年）年に畑平鉱床が発見され、大正四年（一九一五年）に銅鉱床が発掘された。大正五年（一九一六年）に田中鉱業株式会社が買収し事業拡張。

＊20　ブレット・ウォーカー　一九六七年、アメリカ、モンタナ州ボーズマン市生まれ。イエール大学歴史学科助教授を経て、モンタナ州立大学准教授・歴史学科長。近世日本史が専門だが、近世のアイヌ民族史や日本環境史なども研究を進める。「最終章」２２３～２２４ページも参照。

＊21　「足尾は一部の日本人に文明を創造した。だが、それ以外の者たちの世界を破壊した」　『有毒列島――日本の公害史』（*Toxic Archipelago: A History of Industrial Disease in Japan*, p. 93, Seattle: University of Washington Press, 2010）［未訳］より。

＊22　「県民の健康に現実に害をおよぼしたという明確な事実を見出すことはできなかった」　西和賀町歴史民俗資料館の女性職員の話では、銅山に関する問題は聞いたことがないとのことだ。また藤谷聡「岩手県西和賀の中小鉱山における生産形態の変化とその要因」（『東北地理』Ｖｏｌ38（一九八六）、一八七～一九八ページ）にも、鉱害問題は「既存の文献には記

載が見られなかった」（一九二ページ）と記されている（https://www.jstage.jst.go.jp/article/tga1948/38/3/38_3_187/_pdf）。

言及した調査は「和賀川の清流を守る会」のメンバーが一九七八年に実施し、以来、地域の水質のモニタリングを行ってきたが、「亜鉛等の金属濃度の減少や排水基準の達成によって休廃止鉱山への懸念は近年では小さくなっているとも言えるだろう」としている（「『和賀川の清流を守る会』会報のテキスト分析：休廃止鉱山での水質モニタリングと会報における関連話題の長期的な変遷」（『水環境学会誌 Journal of Japan Society on Water Environment』［Vol 43、No6、二〇二〇、183ページ～188ページ］、一八八ページ）。https://www.jstage.jst.go.jp/article/jswe/43/6/43_183/_pdf）

＊23 **政府の減反政策**　減反は米の生産調整を図るために稲作の作付け制限を行うこと。米は昭和三十年代後半をピークに消費量が減少する一方で、生産技術の向上で収穫量が増大したため、生産過剰にあった。そこで昭和四十六年（一九七一年）からほかの農作物の栽培を勧めたり、米の休耕を促したりする減反政策がとられた。

＊24 **「狩猟採集社会では自然災害や大きな気候変動のあと、しばしば飢饉に見舞われてきた」**　興味深いことに、産業革命以前の一八六の世界都市に関する二〇一四年の調査情報を見る限り、生活環境の質に関しては、狩猟採集社会は農耕社会より、飢饉に苦しむ可能性を大幅に低く抑えられたことが確認できる。これは狩猟採集民が頻繁に飢饉に見舞われたという通念に矛盾する。（J. Colette Berbesque et al, "Hunter-Gatherers Have Less Famine Than Agriculturalists" [狩猟採集民は農耕社会より飢饉の危険性は低い], Biology Letters, January, 2014）https://royalsocietypublishing.org/doi/10.1098/rsbl.2013.0853 より。

＊25 **「蕨の粉一升に水一升六、七合」**　守安正『日本名菓辞典』（東京堂出版、一九七一年）の「蕨餅」（362～364ページ）より。

＊26 **宗牧の和歌**　宗牧と西行の和歌については、虎屋文庫『和菓子を愛した人たち』（山川出版社、二〇一七年）の「谷宗牧と蕨餅——茶屋で人生を振り返る」（162～163ページ）を参考にした。

＊27 **とらやと「岡大夫」**　とらやの情報については、株式会社虎屋、虎屋文庫にご確認いただいた〔調査にあたっては、佐藤淳氏と虎屋専務の江村知夫氏にお世話になった〕。

第4章

*1 **五島茂・美代子夫妻がうお嘉に詠んだ歌** 「皇室のお歌の御指南をされた五島茂・美代子ご夫妻にご来店いただいたおり、当店のたけのこ料理を召し上がり、その味にいたく感動され、その場でお二人は歌を詠んで下さいました」とうお嘉のホームページにあり、五島夫妻がその場で詠み合わせされたこの歌の写真も掲載されている。また、臼井喜之介（詩人）、円地文子（小説家）、岡部伊都子（随筆家）、川口松太郎（小説家）、白洲正子（随筆家）、小林秀雄（文芸評論家）、椎名悦三郎（政治家）、即中斎（表千家十三代お家元）、瀬戸内寂聴（小説家・天台宗尼僧）、原健三郎（元労働大臣）、水上勉（小説家）、山口華楊（日本画家）のサインも掲載されている。

*2 **タケノコ会席コース** これは「千《ち》久鳴《くめい》」コースで、ほかに「匠」コースもある。

*3 **抹茶色の壁** 昭和時代は玄関の壁も上半分が橙色だった。

*4 **モウソウチク（モウソウダケ）** 孟宗竹。日本の代表的なタケで、日本人がタケノコとして食べるもののほとんどはこれになる。日本のタケ類では最大級で、高さ二五メートルになるものもある。

*5 **チシマザサ** 千島笹。北海道や東北、本州の日本海側などに広く分布。成長すると人の身長を超えるほど大きくなる。

*6 **小松嘉展さんの文章** 小松嘉展さんにいただいたメール文を、許可をいただき、そのまま転載した。

*7 **竹林** 竹林については、小松嘉展さんがうお嘉のブログ「たけのこ日記」に二〇一七年四月二十四日に書いている情報を参照。「食用竹の子の生産量に関しては孟宗竹の独壇場ですが、この孟宗竹の同種の竹の子でも栽培されたものと非栽培のものがあります。東京の高級デパートで売り出される京都の白子と呼ばれるものは京都式軟化栽培によって大事に栽培、生産されたものです。ここでいう栽培物とは竹藪ではなく竹の子畑と呼べる竹林で、施料、除草、シンとめ、古い竹の間伐や土壌への敷き藁や葉をし、客土（土入れ）などをして管理され、出荷されたものです」。本章のタイトルの意味もここからわかると思う。

*8 **「小松嘉展さんは祖父が毎年春になるとその手でタケノコを掘り出していたのを覚えている」** 「終戦後の復興時、食料不足のなか『うお嘉』を再興したのが、三代目小松嘉三郎である。戦争がおわったら、必ず店に来いといっていた戦友にふるまった料理がたけのこ（筍）料理だった。当時、食料不足のなか、たけのこだけは店のまわりに豊富にあったからだ。

えぐみがなく、甘いたけのこ（筍）は遠方からの戦友だけでなく、多くの人に大好評となった」（うお嘉ホームページ「うお嘉の歴史」［明治五年～現在］より）

＊9 **たけのこ大使**　小松嘉展さんは、うお嘉のブログ「たけのこ日記」は、「たけのこ大使　莞鳴」の名前で書き込んでいる。

＊10 **筆と墨**　「墨で書くと雨風でも消えない」と上田泰史さんは後述の俣野麻子さんを通じて上杉に伝えてくれた。

＊11、12 うお嘉の小松嘉展さんから訳者が説明を受け、情報を付け足した。

＊13 **タケノコ会席「千久鳴コース」**　以下、うお嘉の小松嘉展さんと付き合いがあり、小松さんの著書『タケノコとネコノコとかいせき』の英訳版 *Bamboo Shoots, A Kitten, & Kyoto Cuisine* の英訳を担当した京都在住の翻訳者／大学講師の俣野麻子さんを通じ、小松さんにご確認いただいた。俣野さんはキンドル版が刊行予定の同署で「千久鳴コース」のレシピの英訳も担当しているので、本書の訳を見ていただいた。

＊14 **八寸**　八寸（約二四センチ）四方の盆に盛りつけた料理のこと。

＊15 **向附**　折敷膳《おしきぜん》の配置で「向こう側に付ける」料理のこと。往々にして刺身や鱠《なます》の場合が多いが、うお嘉ではタケノコを主菜として「お造り」と称している。

＊16 **小豆が透けて見える小さな長方形の菓子**　俣野さんが小松さんに確認したところ、長生堂のかも川とのこと。今はこれは出していないという。https://chouseido.com/prod.php

＊17 **「宇治煎茶は塩が入っているように感じ」**　小松嘉展さんによると、宇治煎茶には塩は入れていないとのこと。

＊18 **イクラ**　『タケノコとネコノコとかいせき』の収録レシピではウニを使っている。

＊19 **「砂糖をからめて」**　『タケノコとネコノコとかいせき』の収録レシピでは、醤油、酒、みりん、昆布で煮る。砂糖は一切使っていない。

＊20 **「ほんのり苦味も感じられる」**　俣野さんが小松さんに確認したところ、「そういう味つけではないので、著者がタケノコの苦味を感じられたということかもしれません」とのこと。

＊21 **箸休め　筍木ちまき寿司**　「千久鳴コース」の通常の「箸休め」は「筍木の芽和え」であるが、この日は筆者たちのために特別に「筍木ちまき寿司」が用意された。

＊22　**揚げ衣**　『タケノコとネコノコとかいせき』の収録レシピでは、竹米あられ粉。

＊23　**水物**　俣野さんが小松さんに確認したところ、「水物は毎年変わる」という。

＊24　**『おおかみこどもの雨と雪』**　スタジオ地図制作の日本のアニメーション映画（二〇一二年）。細田守は脚本も手掛けた。原作は角川文庫から出ていて、著者ウィニフレッド・バード翻訳版 *Wolf Children: Ame & Yuki*（Yen On）も二〇一九年に刊行された。

＊25　**「クマを銃殺することで問題は解決」**　一部の共同体は害をもたらす動物を移したり、荒廃した山地に実が成る植物を植えたりして動物が住みやすい環境に変えようとしてきたが、残念なことに、日本の多くの地域でクマの殺害は行われている。織山さんは根森田を含めて北秋田市のマタギは昔からつづく狩猟で年に三、四頭のクマを仕留めていると見るが、市には「有害生物の駆除」のためにマタギはその十倍の頭数を仕留めるように命じられるという。ツキノワグマは西日本では絶滅危惧種に指定されているが、秋田県では指定されていない。保護活動家は大いに心配するが、二〇一八年に秋田では八一七頭のツキノワグマ（秋田のツキノワグマの頭数の六割にあたる）が始末されている。

＊26　**マタギの文化を描いたドキュメンタリー**　織山英行さんに問い合わせたところ、これは一九八七年六月七日（日）に放映された、NHK特集「奥羽山系・マタギの世界」とのこと。
https://www2.nhk.or.jp/archives/tv60bin/detail/index.cgi?das_id=D0009040239_00000

第5章

＊1　**笠金村**　奈良時代の歌人。生没年も経歴も不明。『万葉集』によってのみ知られ、長歌十一首、短歌三十四首が確認されている。

＊2　**オーレ・G・モウリットセン**　コペンハーゲン大学教授。平成二十八年（二〇一六年）に、農林水産省から「日本食普及の親善大使」に任命された。平成二十九年（二〇一七年）には、デンマーク国内外における日本食文化の研究・紹介・普及に寄与したとして、外国人として旭日中綬賞を授与された。著書に『食感をめぐるサイエンス』（化学同人、石川伸一ほか訳、二〇一九年）など。

＊3 「陸地における植物の栽培と動物の飼育の九〇パーセントは少なくとも二〇〇〇年前から行われていたが、海産物の養殖の九七パーセントはわずか一二〇年前に始められたと思われる」 オーレ・G・モウリットセンの著書*Seaweeds: Edible, Available & Sustainable*（Translated and adapted by Mariela Johansen, シカゴ大学出版、二〇一三年、44ページ）

＊4 **見事な大理石の階段** 徳島県立博物館には館内に大理石製の立派な階段がある。ちなみに徳島県産の大理石は有名で、国会議事堂の中央階段にも使われている。

＊5 **テロワール** フランスのワイン用語で、ブドウ畑の環境である気候・地形・土質などの複合的地域性を言う。

＊6 **笠金村『万葉集』** 巻第六、雑歌、九三五の訳。〔伊藤博訳注『新版 万葉集 二 現代語訳付き』（角川ソフィア文庫、二〇〇九年）〕

＊7 「種類にもよるが、海藻は通常、陸上の温暖な気候で育つ植物の二倍から十四倍の速度で成長する」 毎年一平方メートルあたりに生成される有機炭素量で比較した数字。オーレ・G・モウリットセンの著書*Seaweeds: Edible, Available & Sustainable*（シカゴ大学出版、二〇一三年）より。

＊8 **オオウキモ** 長さ五〇～六〇メートルにもなる世界最大の褐藻コンブ科の海藻。ジャイアント・ケルプ。

＊9 「残念ながら、海藻の養殖は地球の生態系に危険がないわけではない。養殖された海藻はさまざまな野生種を押しのけ、種の多様性を低下させることになるからだ」 オーレ・G・モウリットセンの著書*Seaweeds: Edible, Available & Sustainable*（シカゴ大学出版、二〇一三年、45ページ）より。

＊10 **調** 「租庸調」は飛鳥時代から奈良時代にかけての税制度で、「租」は米を、「庸」は都で働く代わりに布などを、「調」は布や特産物などを税として納めることを言う。

＊11 「公卿たちは、壱岐アワビ・イリコ等の高級魚介類や、ムラサキノリ、ミル（海松）のように貴重視されていた海藻類を食べることができた。ニギメは公卿なども食べた」 宮下章『海藻（ものと人間の文化史 11）』（法政大学出版局、一九七四年、77～78ページ）

＊12 **『和名類聚抄』** 平安時代の漢和辞書。承平年間（九三一～九三八年）、源順《したごう》撰。

＊13 **『正倉院文書』** 奈良時代に東大寺写経所で作成され、正倉院の宝庫で保管されてきた文書群。文書の数は一万数千点とさ

れる。

*14 **「東大寺から十余種の藻類が写経僧に給付されている。仏教の戒律を自ら厳しく守り、精進食に徹していた僧侶にとっては、海藻類は米、調味料とならぶ必需食料だったのだ」**『海藻』79ページ。

*15 **『料理物語』** 寛永二十年に刊行された本格的料理書。儀式料理の調理法や作法が中心だったそれ以前の料理書と大きく異なり、魚、鳥、獣、青物などの材料、料理法、料理名、そして、その秘訣などを記述する。

*16 **「全国規模で売買されたような種類はあまり多くはない。コンブ、ノリ、ワカメ、アラメ、テングサ類、ヒジキ、フノリ類の程度である」**『海藻』124ページ。

*17 **「江戸時代に『すでに大正後期から昭和十年頃までに地域によっては五十種類の海藻が食用とされてていたし、海岸地方だけでなく山間部でも十六種類が、全国的にも五～六種類は食されていた』」** 今田節子著、日本水産学会監修『海藻の食文化』（ベルソーブックス014、成山堂書店）12～13ページ。

*18 **「言うまでもなく、ノリとコンブは海藻で生計を立てる人たちに最大の収入をもたらす」** 日本海藻協会理事長鈴木実氏（当時）に問い合わせたところ、平成二十二年（二〇一〇年）日本の食用海藻の年間売上げは以下のとおり。海苔約三〇〇〇億円。昆布約二四〇〇億円（佃煮など加工食品を含む六〇〇億円）。ワカメ約五〇〇億円、ヒジキ約一五〇億円、海藻サラダ約三〇〇億円（昆布、ワカメを含む）。

*19 **漁業協同組合が運営する食堂** 「漁協食堂うずしお」。徳島県唯一の海の駅である「JF北灘《きたなだ》さかな市《いち》」（〒七七一－〇三七四 徳島県鳴門市北灘町宿毛谷字相ヶ谷二十三）にある。

*20 **沿岸を平行に走る風の強い国道** 阿波街道と呼ばれる国道十一号。

*21 **栄養豊富な藻塩** 宮下章『海藻』には、次の記述がある。「万葉の歌にも見られる藻塩焼法は、奈良時代末期まではあったようだが、海浜のアマの仕事であったせいか記録も伝わらず、すでに平安時代の人ですら正確な製法はわからなかったという」（42ページ）。

だが、海藻は海水よりも塩分を多く含んでいるため、世界のほかの地域でも貴重な調味料と防腐剤の原料となった。オーレ・G・モウリットセンは *Seaweeds: Edible, Available & Sustainable*（シカゴ大学出版、二〇一三年）の中で、古代デンマーク人がいかにして藻塩を抽出したか記している。「まずは砂場で海藻を乾燥させて燃やす。つづいて燃えかすを水に含ませて、海藻と木々で燃え上がらせた火で加熱する（木は大量に必要で、少なくともデンマークの一島の森林が塩の生成のために消滅したと言われる）。その結晶が表面に現れたところで、黒い灰のような塩を掬い取る」。

＊22 山部赤人が手児奈の死を悼んで詠んだ歌 『海藻』18ページ。

＊23 石のスープの話 ポルトガルに伝わる民話で、お腹を空かせた旅行者が民家に食事を求めて断られるが、路傍の石を持ってきて「おいしいものができる」と言って村人たちにいろいろな調味料や材料をもってこさせて、ついにおいしいスープを作り上げてしまうという話。日本でも絵本でよく知られている。

＊24 舳倉島 能登半島の北約五〇キロメートルに位置する島。東西に二キロメートル、南北に一キロメートル、六〇ヘクタールの面積。石川県輪島市海士町《あままち》に属する。

＊25 ヘシコ 青魚に塩を振り、糠漬けにした料理。

＊26 細い竹を隙間なく並べて作った高い間垣 高さ約三メートルのニガ竹や真竹などを隙間なく並べた垣根で、日本海の強風から家屋を守る。石川県輪島市などで現在も見られる。

＊27 「アマモ場」「ガラモ場」 藻場は構成種から、「アマモ場」、「ガラモ場」、「アラメ場」、「カジメ場」、「コンブ場」、「ワカメ場」などに分類される。

＊28 新木《しんき》順子 輪島海美《うみ》味工房代表。輪島市漁協輪島崎婦人部代表を経て出馬し、二〇〇三年から二〇一一年まで輪島市議会議員も務めた。

最終章

＊1 和人 アイヌ以外の日本人または大和民族が自分たちをアイヌと区別するために用いた自称。アイヌの側からは「シサム」「シャモ」「シサムウタラ」と呼ばれた。

＊2 「アイヌは自然界からの狩猟採集を食生活の補助的なものとする農耕文化を形成せず、最近まで狩猟採集に頼り、穀物はごくわずかしか摂らなかった」 北海道における人間の居住に関するもっとも古い考古学的証拠は、約二万年前に見られる。

北海道では縄文文化の明確な特徴が今から約八〇〇〇年前に現れ、日本のほかのどの場所よりもこの文化がずっと長くつづいていたことがわかる。実際、西暦七世紀頃までこの地で縄文文化が継承されていた痕跡がある。日本本土が飛鳥、奈良、平安時代（約一四〇〇年から八〇〇年前）だったころの北海道には、島の北岸に漁業中心のオホーツク文化が広がり、南には小規模農業と狩猟採集によって成り立っていた北海道独自の文化、擦文《さつもん》文化が根差していた。その後、鎌倉時代（十三世紀）までにアイヌ文化が両者に取って代わった。本土の中央政権によって同化政策はすでに早くから押しつけられていたが、アイヌ文化は江戸時代末（十九世紀）まで広く北海道（蝦夷地）に浸透していた。

〔擦文文化では、四角い竪穴住居に住み、雑穀栽培を行うなど、本州の暮らし方が取り入れられていたことが確認されるが、住居の中では伝統的な囲炉裏を使い、水田は作らないといった北海道の地域性が強く表れた文化だった。擦文とは、土器の表面に付けられた「木のへらで擦ったあと」のこと〕。

＊3

平取町によって設置された「アイヌ文化環境保全対策事業」 二風谷《にぶたに》では沙流川総合開発事業（沙流川に二風谷ダムを一九九七年に設置し、支流の額平《ぬかびら》川に平取ダムを建設中）が施工中だが、大きな物議をかもしている。二風谷ダムの建設は一九七〇年代に計画されたが、農地や狩猟採集地の水没、民家の移動、サケ漁業の被害拡大、考古学的・宗教的遺跡の破壊ほか、当時、アイヌ文化への被害が考慮されることは一切なかったからだ。

マイケル・J・イオアンニデスはオレゴン州立大学の応用人類学の修士論文（二〇一七年）で、（二風谷ダムと平取ダムを含む）沙流川総合開発事業のアイヌ住民への影響を調査し、わかりやすくまとめている。萱野《かやの》茂と貝澤正の両名の地元指導者は政府への土地の売却を拒否し、政府に没収されると、訴訟を起こした。判決が出される前に二風谷ダムは完成し、貝澤は没したが、一九九七年三月二十七日に、アイヌ民族の立場を無視した土地収用については違法とする歴史的判決が下された。

萱野茂（一九二六～二〇〇六）は、アイヌ文化運動家。北海道生まれ。アイヌ文化の伝承・保存に努め、一九七二年にシシリムカ二風谷アイヌ資料館（のち二風谷アイヌ資料館）を設立、館長に就任（二〇〇六年退任）。平取町《びらとりちょう》議会議員を経て、一九九四年参議院議員。アイヌ民族初の国会議員としてアイヌ新法（アイヌ文化振興法）制定に尽力。

貝澤正（一九一二～一九九二）は、元平取町議会議員、元北海道ウタリ協会副理事長。北海道平取町出身。

平取ダム建設に伴い、平取町はダム建設予定地周辺におけるアイヌの文化的所産に与える影響について調査を行うことが求められた。この国では前例のないことだった。だが、その評価と対策案によって沙流川総合開発事業に長く遅れが生じることにはなったものの、事業そのものが消滅することはなかった。詳細については、中村尚弘の論文を参照。Naohiro Nakamura, "An 'Effective' Involvement of Indigenous People in Environmental Impact Assessment: The Cultural Impact Assessment of the Saru River Region, Japan" in *Australian Geographer* (December 2008).

マイケル・J・イオアンニデスの論文によると、平取ダム建設によって、少なくとも三十七名が動物の狩猟、川魚の漁撈、植物の採取に利用する森林地帯が水没し、少なくとも七つの遺跡が破壊される。加えて食品、医薬品、日用品に使用される植物一二八種に害を及ぼす。

＊4　**中村尚弘**　フィジーにある南太平洋大学上級講師。専門は先住民研究。カナダ・クイーンズ大学地理学科博士課程修了。著書に、二風谷アイヌ文化博物館の取り組みとアイヌ文化振興の現状について記した『現代のアイヌ文化とは　―二風谷アイヌ文化博物館の取り組み』（東京図書出版会、二〇〇九年）がある。

＊5　**「アイヌの博物館を二館」**　平取町立二風谷アイヌ文化博物館と萱野茂二風谷アイヌ資料館。

＊6　**ニリンソウ**　二輪草。キンポウゲ科イチリンソウ属の多年草。「野草・海藻ガイド」262ページ参照。

＊7　**オオウバユリ**　大姥百合。ユリ科ウバユリ属の多年草。「野草・海藻ガイド」240ページ参照。

＊8　**「肉をご馳走してくれるのなら塩で食べさせて」**　『聞き書　アイヌの食事』（農山漁村文化協会、一九九二年）のカバー袖にある鷲谷サトさんのコメント。

＊9　**「政府は伝統的なアイヌ文化の風習を禁じる法律も打ち立てた」**　明治政府のアイヌ同化政策の代表的な法律に、明治三十二年（一八九九年）制定の「北海道旧土人保護法」がある。北海道アイヌを「保護」する目的で制定された法律であるが、実際はアイヌの狩猟・漁撈を制限する代わりに農業を激励し、学校教育を通じて和風化を図るというものだった。この法律によってアイヌの人たちは生活基盤を失い、困窮していく。

＊10　**ブレット・L・ウォーカー**　一九六七年、アメリカ、モンタナ州ボーズマン市生まれ。イェール大学歴史学科助教授を経て、モンタナ州立大学指導教授・歴史学科長。近世日本史が専門だが、近世のアイヌ民族史や日本環境史なども研究を進

める。

＊11 『蝦夷地の征服1590―1800 日本の領土拡張にみる生態学と文化』（秋月俊幸訳、北海道大学出版会、二〇〇七年）

＊12 「…かつてはアイヌの首長領とその周辺の環境やそこに住むカムイとの間に精神的関係をつくり上げてきた狩猟は、いくらか商業的意味をもち始めた……」「…… 実際に一八三〇年代になるとアイヌたちは主として交易のために獣を殺す目的で狩猟をしており…」 ブレット・L・ウォーカー『蝦夷地の征服1590―1800 日本の領土拡張にみる生態学と文化』（秋月俊幸訳、北海道大学出版会、112〜113ページ）

＊13 **ラワンブキ** 螺湾蕗。キク科フキ属の多年草であるフキの変種で、アキタブキの一種。高さ三メートル、太さ一〇センチ以上にもなる。

＊14 **オオイタドリ** 大虎杖。タデ科イタドリ属 北海道及び本州中部以北に生える大型の多年草。アイヌ民族は健康保持機能が強く期待される野草として昔から採食してきた。若芽は食油炒め、和え物、酢の物、サラダなどにされる。根茎は「虎杖根」という漢方にされる。

野草・海藻ガイド

＊1 **侵略的外来種** 人間の活動によって本来生息していない地域に入ってきて、その地域の生態系に被害を及ぼすおそれのある生物。

＊2 **鱗茎** 栄養分を蓄えて厚くなった葉が茎のまわりに重なって球状になっているもの。

＊3 **褐藻** 藻体が褐色または緑褐色の藻類。ワカメやコンブ、ヒジキ、モズクなど。

＊4 **ソテツ** 蘇鉄。裸子植物ソテツ科の常緑低木。

＊5 **かんじき** 片岡博『山菜記』（実業之日本社、一九六八年）によると、「かんじき」は、「かなかんじきとか、かながちき、かなかつけきとも呼ぶ」。

＊6 **ぜんまいぎもん** 同じく『山菜記』によると、「ぜんまいぎもんは、その形からケツブクロと呼んだり、おもしろいのはぜんまいブート（ブートとはボロという意味）などという呼び方もある」。

＊7　「しだいにふくらんでくるこの上っ張りはこぶとりじいさんよろしくまことに奇妙な形の大きなふくらみになる」。そして「いつの間にかその内側は、灰汁で厚く黒光りするまでに変わってしまっている」『山菜記』21～22ページ。

＊8　**侵略的外来種**　「野草・海藻ガイド」注3参照

＊9　**『庭で育てる竹』**　Ted Jordan Meredith, *Bamboo for Gardens* (Timber Press, 2001)

＊10　**褐藻**　「野草・海藻ガイド」注3参照。

＊11　**低潮線**　低潮時の海面と陸地との交わる線。

＊12　**帰化植物**　本来の生育地から人間が媒介してほかの地域に移され、そこで野生化して繁殖する植物。

＊13　**「韓国ではご飯と肉を包んで出される」**　第1章　金明姫さんの「フキの葉包みのおにぎり」（60ページ）参照。

＊14　**籾殻**　第1章37ページ注1参照。

＊15　**褐藻**　「野草・海藻ガイド」注3参照。

＊16　**ルートビア**　アルコールを含まない炭酸飲料。ルート（根［root］）＋ビール（beer）。十九世紀半ばにアメリカで生まれたとされる。

＊17　**侵略的外来種**　「野草・海藻ガイド」注1参照。

＊18　**オメガ3脂肪酸**　魚油に含まれるＤＨＡやＥＰＡのほか、植物油に含まれるα-リノレン酸などの脂肪酸の総称。

＊19　**低潮線**　「野草・海藻ガイド」注11参照。

謝辞

制作過程の随所で多くの人たちに寛容にも知識と経験と支援を差し伸べてもらえることがなかったら、本書は到底世に送り出せなかった。わたしを自宅や店や仕事場に迎え入れてくれて、山菜や海藻の料理を食べさせてくれて、森林も案内してくれたこの人たちに、何より深く感謝する（以下、すべて敬称は省略させていただく。必要に応じて所属団体も示し、本文に出てこない方の名前も記した）。

伴貞子、花岡玲子、C・W・ニコル、福地健太郎、高力一浩、金明姫、ロバート・コワルチック、清水美里、小松明美、山下露子、小田島薫、高橋忍、久美子（お菓子処たかはし）、髙橋明、医久子（やまに農産株式会社）、小松嘉展、尾上松次、上田泰史、織山英行、友里（ゲストハウス「ORIYAMAKE」）、杉渕巧、岡本彰、番匠さつき、さとみ（つばき茶屋）、新木順子、長野環、及川直美、木村真奈美。

つづいて、山菜や海藻について知識と情報を与えてくれた以下の人たちにも謝意を捧げる。

岩谷宗彦（日本特用林産振興会）、吉田徳房（青葉緑化工業株式会社）、谷口真吾、藤岡悠一郎、手代木功基、飯田義彦、ネイサン・ホープソン、浪川健治、中山圭子（虎屋文庫）、田村米雄、千葉貴明、高橋竜也（西和賀町職員）、ドン・ケニー、佐藤正三郎（公益財団法人米沢上杉文化振興財団）、渡邊政俊、三浦ツヤ子、小林慧人、磯本宏紀、池森貴彦、鈴木実、石原義剛、関根健司（二風谷工芸館）、萱野志朗（萱野茂二風谷アイヌ資料館館長、アイヌ民族党）、マイク・デイ、クリス・ギャヴィン。

取材先に導き、著者の知見を広げてくれた以下の方たちにも厚く御礼申し上げる。

大久保達弘、八塚春名、高橋直幸（西和賀町職員）、高橋千賀子（西和賀町職員）、アンドリュー・カーショウ、内藤直樹、関根真紀、ジェン・ティーター、岡崎享恭、キャ・キム、山内万里子。

原稿を読み、時に短歌や詩について解説してくれた仲間のライターや翻訳者にも感謝したい。取材、執筆、編集と本書の制作に長い歳月を費やしたが、何より彼らのおかげで創作意欲を失うことはなかった。

ジェーン・ブラクストン・リトル、シムラン・セティ、アデラ・ラクジンスキ、リン・E・リッグス、ダニエル・ジョセフ、スザンナ・ラング、ハンナ・カーシュナー。

この国の人たち、場所、天然食物の精神をみごとに捕らえた挿絵を描いてくれたポール・ポインターにも感謝する。すみれはどの野草を取り上げたらいいかアドバイスしてくれた上に、ポール・ポインターとご家族とともに筆者を温かく迎え、もてなしてくれた。

清水晶子は「野草・海藻ガイド」を、北野綾香は「野草・海藻レシピ集」を念入りにチェックしてくれた。

原書の版元ストーン・ブリッジ・プレス社のピーター・グッドマン社長には、一方ならぬお世話になった。風変わりな本書に出版価値を見出し、忍耐と信頼を持って受け入れ、自ら編集の労を取って刊行まで見届けてくれたグッドマン社長に、深甚なる謝意を捧げる。刊行にあたっては、同社のマイケル・パーマー氏にもお世話になった。だが、本書に見られる誤り等はすべて著者に帰するものである。

最後に、家族全員に感謝したい。特に執筆中は迷惑をかけっぱなしだったが、わたしを信頼しつづけてくれた妹エレクトラ、あなたは天使のような人だ。あなたが三週間もわたしと一緒に雑草を食べ、時差ボケで愚図る赤ん坊の面倒を見てくれたおかげで、本書を刊行することができた。ジョン、週末はいつも子どもたちを世話してくれてありがとう。あなたがずっと寛大に支えてくれたから、本書の執筆に集中できた。あなたがいなければ、とてもできなかったと思う。

ウィニフレッド・バード

訳者あとがき

道を曲がったすぐ先に宿があった。宿の後ろに畑が広がり、オオイタドリ、ラワンブキ、ミツバ、ワラビが一面に茂っている。その先に木立が、さらに先には午後の翳《かげ》りゆく空が広がる。こんな小さな美しい谷は見たことがなかったが、どこに行ってもあるのかもしれない。同じような場所が日本には何千と、世界には何百万とあるはずだ。

小さいが、あらゆるものが詰まった隠された世界。

目を向けようとしない、知ろうとしない、むさぼり採ろうとしてその世界を破壊することがなければ、誰もが迎え入れてもらえるはずだ。

（229～230ページ）

『日本の自然をいただきます　山菜・海藻をさがす旅』執筆にあたり、著者ウィニフレッド・

〝ウィニー〟バードは大変な好奇心をもって日本中を旅してまわる。日本の食文化のルーツと言える天然食物である野草や海藻を広範囲に渡って調査している。


熊本県の阿蘇谷と長野県のC・W・ニコル・アファンの森では、「山菜の天ぷら」。

福井県高浜町では、「フキの葉包みのおにぎり」。

滋賀県高島市朽木では、「トチノミ」を入れた「栃餅ぜんざい」や「栃餅あげだし」。

岩手県西和賀町では、地元産「ワラビ」で作り上げた「本わらび餅」。

京都市西京区大原野上里北ノ町と北秋田市根森田では、「タケノコ」料理（鏡煮や天ぷら）。

徳島県鳴門市瀬戸町北泊では、採れたての「ワカメ」で味わう「しゃぶしゃぶ」。

石川県能登半島では、「カジメ」や「海苔」。

北海道平取町では、「キナオハウ」や「シト」などのアイヌの伝統料理。


著者は文字通り日本全国を旅して、のちに述べるように地元の人たちに実際に触れあい、こうした料理を食べさせてもらい、自分でも調理し、日本の自然を深く味わい、その魅力を生き生きと伝えている。

だが、言うまでもないことだが、本書は単なる日本の野草や海藻の調理法を記したレシピ本ではない。

この国に縄文時代から見られた狩猟採集文化、天然食物と栽培食物の違い、栽培食物に頼ることでもたらされてきた貧困と飢饉、飢饉の常備食だった天然植物……。
こうしたものを、この国の歴史上に残る膨大な文献をひも解き、アメリカ人ジャーナリストの視点から論じた大変な野心作だ。

花岡玲子さんは天然植物を料理することだけでなく、薬草にも強い関心があった。天然植物の調理と薬草は強くつながりあっている。花岡さんはさらに料理を出してくれたが、昔の日本人は春の初めに体の浄化を目的として薬草（春菜）を口にしていたと話してくれた。この習慣がうかがい知れるもっとも古い和歌のひとつに、奈良時代（七一〇～七九四年）に山部赤人（?～七三六年?）が詠んだものがある。赤人は草むらから春菜を摘むつもりだが、昨日も今日も雪が降っている。

明日《あす》よりは春菜《はるな》摘《つ》まむと標《し》めし野《の》に昨日《きのふ》も今日《けふ》も雪は降りつつ

（『万葉集』第八巻一四二七番）
（39ページ）

日本語で書かれた現代の文献はもちろん、このように『万葉集』『新古今和歌集』『源氏物語』、はては岩手県の西和賀で取れた農作物の作柄や起こった出来事を延宝元年（一六七三年）から明治三十三年（一九〇〇年）まで毎年記録した『沢内年代記』まで、古典を含めてありとあらゆるものを読みこなし、精力的かつ効果的に引用している。

さらに日本中を旅してまわり、多くの日本人に会ったり電話で話したりして（もちろん日本語で話したはずだ）、いくつも興味深い話を聞き出している。

話を終える前に、何か言っておきたいことはないですかとたずねると、谷口さんは少し考えてからこう答えた。

「トチのえぐみは一度口にしたら忘れられません。昔の日本人はトチノミを食べて生き残りました。だから今のわたしたちがあります。わたしたちは生まれた時からトチノミの風味を求めています。古代人がトチノミを食べて生き残った縄文時代から、遺伝子に刷り込まれているのです」

（67ページ）

著者の綿密な調査と精力的な取材によって、原書 *Eating Wild Japan: Tracking the Culture of Foraged Foods, with a Guide to Plants and Recipes* (Stone Bridge Press) は類を見ない実に信頼度の高い一冊に仕上がっている。

そんな著者の渾身の力作を日本語に移す（本書の場合は「日本語に戻す」という言い方が適当かもしれない）のは大変なことだった。

まず、「和書の文献の引用を日本語に戻す」問題があった。

本書には和歌を含めて、歴史的な和歌の引用が数多く出てくるが、著者ウィニフレッド・バードはどれも完全に意味を読み取り、みごとな英語に移している。著者から詳細な取材メモも送ってもらったが、英語、日本語を問わず、膨大な資料に目を通していることがわかった（引用ページも漏れなく表記されていた）。

だが、英語で発表するのであれば、日本の文献やインターネットで得た情報を整理して慎重に内容を伝えればいいが、「日本語に戻す」にあたっては、状況によって「原典」を示す必要もある。先ほど述べた『沢内年代記』などは関係者のみに配布された本である上に、古語で記されているから、それをどうにか入手し、「日本語の古文を現代文に訳す」という、英日翻訳を超えた作業も時に求められた（この古文からの現代語訳は、埼玉県立羽生高等学校の新井康之校長にお世話になった）。

加えて、著者は英語作家としての相当な筆力を備えている上に、日本文学の翻訳も多数こなしているので、本書に随所に出てくる次のような生き生きとした日本の風景描写も、原文の臨場感を失うことなく、「日本語に戻す」必要があった。

先ほどは番匠さつきさんとさとみさんが時折海藻を集めるという岩場をつばき茶屋からはるか下に見下ろしていたが、店を後にすると、車はその岩場をゆるやかなカーブを描いて通り過ぎた。さつきさんたちの村落を後にし、さつきさんの旦那さんの漁船が停泊する小さな港も通り抜けた。小雨がぱらつく中、絵のように美しい海岸通りを車は進んでいく。民家のほとんどは伝統的な日本家屋だ。木の塀で囲まれ、黒い瓦屋根は雨に濡れてかがやき、小さな庭はタチアオイの花が満開で、タマネギやジャガイモの花も開いている。海に面して立ち並ぶ民家は、細い竹を隙間なく並べて作った高い間垣によって風から守られている。間垣の先は擦り切れていて、逆さにしたほうきを一列に並べて空に向かって突き上げているようだ。

（２０５〜２０６ページ）

こうした問題はすべて著者に確認することで解消された。古典の文献の引用、解釈などで不安があるところはすべてメールで質問した。訳者はすでに三十年以上、翻訳の仕事をしているが、著者にこれほど多くのことをたずねたのは初めてだ。ウィニフレッド・バードもひょっとしてうんざりしたかもしれないが、何をたずねてもすぐに親切に答えてくれた。日本人であるわたしが日本の古典文献を読み間違えていて恥ずかしい思いをしたことも少なくない。

もはやおわかりと思うが、本書の翻訳は著者ウィニフレッド・バードとのコラボレーションによるものだ。

バードが取材した人たちに名前の日本語の表記など確認するために連絡することもあったが、この人たちもウィニーの日本文化に対する強い好奇心と人柄のよさに強く感銘を受けていることが感じられた。この人たちも、ウィニーのおかげで自分たちの社会と文化のすばらしさを再確認できたのだ。

残念ながら、ウィニフレッド・バードが取材した場所すべてに同じように足を運ぶことはできなかったが、著者が触れあった人たちと話を交わすことで、あるいはGoogleストリートビューなどの現代のテクノロジーでその場を確認してみることで、著者が見ていたものや感じていたことを、断片的ではあるが知ることができた。

ウィニーはこの風景を見ていたのか。

そんなふうに思うたびに、これまで翻訳者として決して感じたことのない大きな喜びと興奮に包まれた。

本を作る時はいつも多くの人に助けられるが、今回は特に多くの人にお世話になった。

まずは、このすばらしい著者とその作品を紹介してくれて、翻訳者に抜擢し、刊行まで力強く導いてくれた亜紀書房の高尾豪さんに深く感謝する。

訳者も料理は好きではあるが、本書は地域の文化と歴史に絡めて調理法も論じられるので、それぞれの地域と地元の食物に通じた人たちに各章の訳文を確認してもらった。

杉村貴子さん（第1章）、遠藤康子さん（第2章、第3章）、俣野麻子さん（第4章）、田籠由美さん（第5章、最終章）、竹松早智子さん（「野草・海藻ガイド」「野草・海藻レシピ集」）は、訳文を原文と突き合わせて、訳者の誤りや不適切な表現などを指摘してくれた。各氏に深甚なる謝意を捧げる。

フリー編集者の上原昌弘さんは校正刷を念入りにご確認いただき、貴重なコメントとアドバイスをいくつも寄せてくれた。厚く御礼申し上げる。

日本語版出版にあたってご尽力いただいたストーン・ブリッジ・プレスのピーター・グッドマン社長にも感謝する。

最後になったが、翻訳作業において、ありとあらゆる質問に迅速に答えてくれた著者ウィニフレッド・バードに深く感謝する。本書を訳せたことで、今まで知ることのなかった日本の食文化のすばらしさに気づいたし、それを大切に守っていかなければならないと思うことができた。日本の発展と常にともにある天然食物について考え、それを生み出した日本の美しい自然を守りたい。

著者ウィニフレッド・バードが本書に込めた思いのひとつは、あるいはこういうことかもしれない。

読者の皆さんには、彼女の思いがぎっしり詰まった本書を通じて、日本の豊かな食文化と、それを生み出した自然の恵みについて、深く考えていただけたらうれしい。

二〇二三年一月

上杉隼人

ウィニフレッド・バード

Winifred Bird

新聞記者、翻訳者、ライター。米国マサチューセッツ州・アマースト大学で政治学を学ぶ。2005年に来日し、英語教師、ジャーナリストとして活動。長野県松本市、三重県御浜町など地方都市で暮らしながら全国各地へ足を運び、広く日本の野草や海藻文化に触れる。環境問題、科学、建築などに関する記事を *The Japan Times, Kyoto Journal, San Francisco Public Press, Pacific Standard,* NPRなどに寄稿。翻訳書に、*Fox Tales*（森見登美彦『きつねのはなし』)、*The Pretty Boy in the Attic*（西尾維新『屋根裏の美少年』)、*Wolf Children: Ame & Yuki*（細田守『おおかみこどもの雨と雪』）などがある。現在はウィスコンシン州ドア郡ワシントン島で家族と生活しつつ、精力的に執筆、翻訳活動を続けている。
HP　https://www.winifredbird.com/

上杉隼人

Hayato Uesugi

翻訳者（英日、日英)、編集者、英文ライター・インタビュアー、英語・翻訳講師。早稲田大学教育学部英語英文学科卒業、同専攻科（現大学院の前身）修了。訳書にマーク・トウェーン『ハックルベリー・フィンの冒険』上・下（講談社青い鳥文庫)、ジョリー・フレミング、リリック・ウィニック『「普通」ってなんなのかな　自閉症の僕が案内するこの世界の歩き方』（文藝春秋)、『アベンジャーズ エンドゲーム』（講談社)、『スター・ウォーズ「マンダロリアン」シーズン1 公式アートブック』（グラフィック社)、マイク・バーフィールド『ようこそ！　おしゃべり歴史博物館』（すばる舎)、ミネルヴァ・シーゲル『ディズニーヴィランズ タロット』（河出書房新社)、ジョン・ル・カレ『われらが背きし者』（共訳、岩波現代文庫）ほか多数。

亜紀書房翻訳ノンフィクション・シリーズⅣ-9

日《に》本《ほん》の自《し》然《ぜん》をいただきます
山《さん》菜《さい》・海《かい》藻《そう》をさがす旅《たび》

2023年3月31日　第1版第1刷　発行

著　者
ウィニフレッド・バード

訳　者
上杉隼人

発行者
株式会社亜紀書房
〒101-0051　東京都千代田区神田神保町1-32
電話　03-5280-0261（代表）
　　　03-5280-0269（編集）
https://www.akishobo.com

装　丁
APRON（植草可純、前田歩来）

装　画
坂本奈緒

本文イラスト
ポール・ポインター

地　図
小川哲周（O-ZONE Graphics）

DTP
山口良二

印刷・製本
株式会社トライ
https://www.try-sky.com

Printed in Japan　ISBN978-4-7505-1782-7 C0095

亜紀書房翻訳ノンフィクション・シリーズ

Ⅳ-6
さよなら肉食
いま、ビーガンを選ぶ理由
ロアンヌ・ファン・フォーシュト　井上太一＝訳
2200円＋税

Ⅳ-1
野生のごちそう
手つかずの食材を探す旅
ジーナ・レイ・ラ・サーヴァ　棚橋志行＝訳
2200円＋税

Ⅲ-10

幻覚剤は役に立つのか

マイケル・ポーラン　宮崎真紀＝訳

3200円＋税

Ⅲ-3

生き物を殺して食べる

ルイーズ・グレイ　宮崎真紀＝訳

2200円＋税

Ⅱ-11

米国人博士、大阪で主婦になる。

トレイシー・スレイター　高月園子＝訳

1900円＋税

好評既刊

食と健康の一億年史
スティーブン・レ　大沢章子＝訳
2400円＋税

発酵ある台所
丸瀬由香里＝料理　森本菜穂子＝写真
1600円＋税

山と獣と肉と皮
繁延あづさ
1600円＋税